W0253381

Neuerscheinung

Proceedings of the Conference

Applied Optimization Techniques in Energy Problems

June 25 – 29, 1984 Linz, Austria

Edited by Prof. Dr. Hj. WACKER, Universität Linz

1985. 495 pages. 16,2 × 23,5 cm. ISBN 3-519-02612-0. Paper approx. DM 82,–

Contents

H.-J. Adermann: Treatment of Integral Contingent Conditions in Optimum Power Plant Commitment / S. Andersson, T. Andersson, D. Sjelvgren: Information System for Optimal Operations Planning and Associated Forecasting Techniques / E. Antensteiner, H. Müller: Unit Commitment of Hydrothermal Power Systems Including Controllable Load / F. Archetti, A. Frigessi, C. Vercellis: Variance Reduction Techniques in Monte Carlo Evaluation of the Reliability of Stochastic Networks / P. H. Ashmole: Economic Dispatch and Regulating Capacity Allocation in a Thermal/Pumped Storage System / W. Barwig, R. Peßl: Optimization of the Gosau System / W. Bauer, H. Gfrerer, E. Lindner, A. Schwarz, Hj. Wacker: Optimization of the Storage Plant System Gosau – Gosauschmied – Steeg / N. R. C. Birkett, B. M. Count, N. K. Nichols, D. A. C. Nicol: Optimal Control Problems in Tidal Power Generation / F. Breitenecker, A. Schmid, M. Peschl: Simulation and Optimization of a Multipurpose Hydro-Energetic System Using Standard Simulation Software / H. Brugger, A. Imre: Unit Commitment and Generator Scheduling, Realized on a Process Computer / S. Buchinger, E. Lindner, Hj. Wacker: Optimization of a Hydro Energy Storage Plant by Homotopy Methods in Connection with the Active Index Set Strategy / H. Gfrerer: Optimization of Storage Plant Systems by Decomposition / P. G. Harhammer, M. A. Muschik, A. Schadler: Optimization of Large Scale MIP Models Operation Planning of Energy System / K. Harkányi, A. Szöllósi-Nagy, P. Bartha: Real-Time Hydrological Forecasting System for the River Danube / A. Kühne: Flow Simulation in Rivers Acting as Reservoirs – a Basis for Planning and Operation of River Power Plants / E. Lindner, Hj. Wacker: Input Parameters for the Optimization of the System Partenstein: Forecasting of the Influx, Determination of the Efficiency Function / J. Mayer, A. Prékopa: On the Load Flow Problem of Electric Power Systems / G. Petritsch, S. Wagner: Medium-term Planning for a Regional Electric Company, Realized on a Process Computer / A. Prékopa: Recent Results in Optimization of Electro-Energetic Systems / G. Rabensteiner: MIP-Planning Models for Expansion and Operation of Hydrothermal Electric Power Systems / Hj. Wacker: Mathematical Techniques for the Optimization of Storage Plants / H. Wagner: Procedures for the Solution of the Unit Commitment Problem / E. A. Zarzer: An Adaptive and Learning Load Forecasting Method

B. G. Teubner Stuttgart

Mathematische Methoden in der Technik 2

R. Dutter
Geostatistik

Mathematische Methoden in der Technik

Herausgegeben von

Prof. Dr. rer. nat. Jürgen Lehn, Technische Hochschule Darmstadt
Prof. Dr. rer. nat. Helmut Neunzert, Universität Kaiserslautern
o. Univ.-Prof. Dr. rer. nat. Hansjörg Wacker, Universität Linz

Band 2

Die Texte dieser Reihe sollen die Anwender der Mathematik — insbesondere die Ingenieure und Naturwissenschaftler in den Forschungs- und Entwicklungsabteilungen und die Wirtschaftswissenschaftler in den Planungsabteilungen der Industrie — über die für sie relevanten Methoden und Modelle der modernen Mathematik informieren. Es ist nicht beabsichtigt, geschlossene Theorien vollständig darzustellen. Ziel ist vielmehr die Aufbereitung mathematischer Forschungsergebnisse und darauf aufbauender Methoden in einer für den Anwender geeigneten Form: Erläuterung der Begriffe und Ergebnisse mit möglichst elementaren Mitteln; Beweise mathematischer Sätze, die bei der Herleitung und Begründung von Methoden benötigt werden, nur dann, wenn sie zum Verständnis unbedingt notwendig sind; ausführliche Literaturhinweise; typische und praxisnahe Anwendungsbeispiele; Hinweise auf verschiedene Anwendungsbereiche; übersichtliche Gliederung, die ein „Springen in den Text" erleichtert. Die Texte sollen Brücken schlagen von der mathematischen Forschung an den Hochschulen zur mathematischen Arbeit in der Wirtschaft und durch geeignete Interpretationen den Transfer mathematischer Forschungsergebnisse in die Praxis erleichtern. Es soll auch versucht werden, den in der Hochschulforschung Tätigen die Wahrnehmung und Würdigung mathematischer Leistungen der Praxis zu ermöglichen.

Geostatistik

Eine Einführung mit Anwendungen

Von o. Univ.-Prof. Dipl.-Ing. Dr. techn. Rudolf Dutter
Technische Universität Wien

B. G. Teubner Stuttgart 1985

o. Univ.-Prof. Dipl.-Ing. Dr. techn. Rudolf Dutter

Von 1960 bis 1964 Besuch der Höheren Technischen Bundeslehranstalt (Elektrotechnik), St. Pölten. Von 1965 bis 1970 Studium der Technischen Mathematik an der Technischen Universität Wien, 1970 Diplom. Von 1970 bis 1973 Studium an der Université de Montréal, Kanada, 1973 Doktorat (Ph. D.). Von 1973 bis 1976 Forschungsassistent in der Fachgruppe für Statistik, ETH, Zürich. Von 1976 bis 1984 Universitätsassistent am Institut für Statistik der Technischen Universität Graz. Seit 1980 Universitätslektor an der Montanuniversität Leoben. Seit 1984 Ordentlicher Universitätsprofessor für Technische Statistik am Institut für Statistik und Wahrscheinlichkeitstheorie der Technischen Universität Wien.

ISBN 978-3-519-02614-3 ISBN 978-3-322-99493-6 (eBook)
DOI 10.1007/978-3-322-99493-6

CIP-Kurztitelaufnahme der Deutschen Bibliothek

Dutter, Rudolf:
Geostatistik : e. Einf. mit Anwendungen / von Rudolf Dutter.
Stuttgart : Teubner, 1985
(Mathematische Methoden in der Technik ; 2)

NE: GT

Das Werk ist urheberrechtlich geschützt. Die dadurch begründeten Rechte, besonders die der Übersetzung, des Nachdrucks, der Bildentnahme, der Funksendung, der Wiedergabe auf photomechanischem oder ähnlichem Wege, der Speicherung und Auswertung in Datenverarbeitungsanlagen, bleiben, auch bei Verwertung von Teilen des Werkes, dem Verlag vorbehalten.

Bei gewerblichen Zwecken dienender Vervielfältigung ist an den Verlag gemäß § 54 UrhG eine Vergütung zu zahlen, deren Höhe mit dem Verlag zu vereinbaren ist.

© B. G. Teubner, Stuttgart 1985

Vorwort

Geostatistik ist ein relativ neuer Zweig der Statistik, der sich mit der Anwendung von statistischen Methoden in den Geowissenschaften beschäftigt. Quantitative Analysen dieser Art werden aber auch in sehr modernen Disziplinen wie Umweltschutz, Raumplanung, etc. gebraucht. Man sollte deshalb vielleicht besser das Stichwort "Statistische Analysen von räumlich-abhängigen Daten" verwenden.

Der Gegenstand "Geostatistik" ist unmittelbar mit dem Namen G. Matheron, dem Statistiker aus Fontainebleau in Frankreich verbunden. Er legte vor fast 20 Jahren das theoretische Fundament für diesen Wissenschaftszweig. Ein Standardwerk in Buchform erschien 1978 von Journel und Huijbregts, das allerdings für Anwender manchmal nicht so einfach zu lesen ist.

Die vorliegende Schrift entstand nach intensivem Studium des oben erwähnten Buches, dem sichtlich viele Ideen und Beispiele entnommen sind. Sie diente auch als Unterlage einer mehrjährigen Vorlesung über "Mathematische Methoden in der Montangeologie" an der Montanuniversität Leoben. Auf tiefgreifende theoretische Behandlungen wurde weitgehend verzichtet, dem Leser sollen eher einige sinnvolle Anwendungen kurz näher gebracht und Weiterführendes durch Literaturhinweise ergänzt werden.

Wichtige Anregungen für den Text kamen auch aus verschiedenen unveröffentlichten Skripten wie das von Prof. H. Siemes aus Aaachen, A.G. Royle aus Leeds und J.-M. Rendu aus Johannesburg. Eingeleitet wurde die Arbeit jedoch durch die Ermöglichung der Abhaltung der Vorlesung in Leoben, für die ich besonders den Professoren Ch. Schmidt und W. Imrich danke. Viel Motivation und Anregung erhielt ich durch die Diskussionen mit R. Sinding-Larson und H. Omre aus Norwegen sowie mit D. Francois-Bongarcon aus Fontainebleau.

Wenn meine Vorlesung und auch dieses Büchlein eher anwendungsorientierte Tendenzen aufweisen, so ist das auf Grund der fruchtbaren Zusammenarbeit mit der Forschungsgruppe von Prof. J. Wolfbauer entstanden. Hier möchte ich insbesonders Dr. M. Vinzenz für seine aktive Mitarbeit bei den Fallstudien, seine geologische Beratung und Erstellung von Computerprogrammen danken.

Kein noch so kleines Büchlein erblickt das Licht der Welt ohne direkte fremde Hilfe. Ich möchte mich für die intensive Arbeit bei der sauberen formalen Herstellung der reproduktionsreifen Vorlage des Manuskriptes bei Herrn Dr. H. Strelec stellvertretend für alle, die noch Hand anlegten, bedanken.

Das Buchmanuskript wurde mit einem eigens dafür geschriebenen Textprozessor in APL erstellt, mit dem Frl. M. Schneider tatkräfig experimentierte.

Wien und Leoben R. Dutter

Juni 1985

Inhalt

1. Geostatistik und Anwendungen, Überblick

In diesem 1. Kapitel wird zunächst die Verwendung der Geostatistik bei der Erschliessung einer Lagerstätte diskutiert und gegenüber Anwendungen von anderen Bereichen der Wissenschaft abgegrenzt. Eine kurze Einführung in die Begriffe und Werkzeuge der Geostatistik mit Beispielen wird gegeben.

1.1 Erschliessung einer Lagerstätte

Zunächst betrachten wir überblicksmässig die Erschliessung einer Lagerstätte. Die folgenden Punkte und ihre Reihenfolge werden natürlich von der Art der Lagerstätte abhängen.

(a) Geologische Erschliessung

Der für eine Erschliessung interessante Bereich wird zuerst mit geologischen Mitteln wie geologischen Karten, geochemischen und geophysikalischen Methoden, etc. untersucht. Das Resultat besteht häufig aus einer Andeutung einer Reihe von sogenannten "prospects", von möglichen Lagerstätten. Diese Stellen müssen weiter untersucht werden, d.h. ihre Werte näher bestimmt werden. Dies kann durch Entnahme von Bodenproben, Erkundungsbohrungen, etc. geschehen. Die Untersuchungen basieren jedoch auf geologischen Überlegungen und Hypothesen dienen mehr der qualitativen als der quantitativen Bestimmung gewisser Werte wie z.B. Erzgüte. Die Resultate können aber als gute Basis für weitere, quantitative Schätzungen dienen.

(b) Systematische Erschliessung auf grossem Gitter

Die zweite Stufe der Erschliessung besteht im allgemeinen aus einer systematischen Probenahme in grossen und mehr oder weniger regelmässigen Abständen, d.h. auf einem Gitter. Das sollte genug Information liefern, um die globalen "in situ"-Ressourcen, also die vorhandenen Werte (z.B. Erz: Gewicht und mittlere Güte), zu schätzen. Dabei treten zwei wesentliche Probleme auf:

(i) Wie findet man gute Schätzungen mittels vorhandener Information (die teilweise qualitativer Natur ist, aber auch von quantitativen Daten von Proben kommt)?

(ii) Für die Schätzungen müssen Genauigkeitsangaben gemacht werden, d.h. Vertrauensbereiche mit bestimmten, vorgewählten Sicherheiten müssen gefunden werden.

Hier ist die Bemerkung von Wichtigkeit, dass die Genauigkeit nicht nur von der Anzahl der Probenahmen, sondern auch von vielen anderen Faktoren wie der "in situ"-Variabilität und der Art der Bohrlöcher abhängt. Auf Grund der Genauigkeitsangaben werden die "in situ"- Ressourcen häufig in

"gemessenes" Erz, wirklich gefundenes,
"angezeigtes" ("indicated") und
"vermutetes", berechnetes ("inferred"),

eingeteilt.

(c) Systematische Erschliessung auf kleinem Gitter

Wenn eine gewisse Lagerstätte (oder ein Teil davon) als abbaufähig befunden wurde, müssen im nächsten Schritt die genauen Abbaumöglichkeiten untersucht werden. Nachdem im allgemeinen nicht alles abgebaut werden kann und der Abbau bezüglich des Gewinns möglichst optimal vor sich gehen soll, braucht man detaillierte Kenntnisse über Charakteristiken wie

- räumliche Verteilung der Güte
- Variabilität der Dicke
- Korrelationen zwischen der Güte verschiedener Variablen (z.B. auch mit Unreinheiten).

Diese Charakteristiken müssen mit einer Probenahme auf kleinem Gitter gefunden werden, und dies zumindest in einer Zone, die schon in die engere Wahl fällt.

Von den Resultaten werden mehr oder weniger genaue Schätzungen über abbauwürdige Erze gemacht und die technischen Möglichkeiten des Abbaus eruiert. In der Praxis stellt man allerdings fest, dass bei der Schätzung durch Geologen im allgemeinen mit einem Fehler von 5-10% (dem "smudge"-Faktor) zu rechnen ist. (Die Menge (Tonnage) wird unterschätzt und die Qualität überschätzt.) Dies ist natürlich nicht ganz zufriedenstellend.

Hier stehen wir daher vor folgenden Aufgaben, mit denen wir uns später näher beschäftigen wollen:

(i) Definition eines möglichst präzisen, lokalen Schätzers und seines Konfidenzintervalles in Abhängigkeit von den Besonderheiten der Lagerstätte und des Erzes. (Goldklumpenlager sind anders zu behandeln als Lager von sedimentärem Phosphat.)

(ii) Unterscheidung zwischen "in situ"-Ressourcen und abbauwürdigen Reserven. Man sollte den Begriff der Abbauwürdigkeit in Abhängigkeit von der Abbaumethode aufstellen.

(iii) Feststellung der notwendigen Menge von Daten für eine zuverlässige Schätzung der abbauwürdigen Reserven.

(d) Planung des Abbaus

Wenn Schätzungen der Vorräte und des abbauwürdigen Materials vorhanden sind, kann der genaue Abbau geplant werden. Dies beinhaltet z.B. die Art der Maschinen, des Transports, der Zwischenlagerung, der Aufbereitung, etc., und hängt stark von den vorhergegangenen Berechnungen ab. Dies soll hier aber weniger behandelt werden, sondern die Punkte (b) und (c) werden die Schwerpunkte darstellen.

1.2 Einführung in die Geostatistik

In diesem Abschnitt werden einige Grundbegriffe der Geostatistik definiert und kurz ihre Verwendung illustriert. Ausführliche Diskussionen findet man in späteren Kapiteln.

(a) Regionalisierte Variable

Variable, die die räumliche Verteilung einer Grösse angeben, bezeichnet man als ortsabhängige oder regionalisierte Variable. Wir bezeichnen sie mit $z(\underset{\sim}{x})$, wobei $\underset{\sim}{x}$ die Koordinaten des Ortes angibt, der im allgemeinen im dreidimensionalen Raum angenommen wird, d.h. $\underset{\sim}{x} = (x_u, x_v, x_w)$ (geographische Länge, geographische Breite, Seehöhe). Folgende Beispiele sind typisch:

(i) Die Verteilung der Güte im dreidimensionalen Raum.
(ii) Die Verteilung der vertikalen Dicke (Mächtigkeit) eines Sediment-Bettes im horizontalen Raum (zweidimensional).
(iii) Die Verteilung des Marktpreises eines Metalls über der Zeit (eindimensional).

Geostatistische Methoden basieren auf der Annahme, dass diese regionalisierten Variablen $z(\underset{\sim}{x})$ eine bestimmte Struktur aufweisen. Zum Beispiel spricht man von gewissen Korrelationen zwischen den Werten $z(\underset{\sim}{x})$ und $z(\underset{\sim}{x}+\underset{\sim}{h})$ der Variablen z an den Orten $\underset{\sim}{x}$ und $\underset{\sim}{x}+\underset{\sim}{h}$. (Der Abstand ist gerade $\underset{\sim}{h}$.) Wenn man an der Stelle $\underset{\sim}{x}$ Erz in hoher Konzentration findet, dann ist es "wahrscheinlich", dass man auch um ein Stück weiter (bei $\underset{\sim}{x}+\underset{\sim}{h}$) Erz findet. Wenn es hier regnet, so regnet es wahrscheinlich auch in einer bestimmten Entfernung $\underset{\sim}{h}$. Wenn die Entfernung allerdings etwa 1000 km beträgt, dann kann man vielleicht nicht mehr von Korrelation oder Abhängigkeit der Variablen sprechen. Man sagt, dass die Werte voneinander unabhängig sind.

Wir haben das Wort *wahrscheinlich* benützt. Wenn man an einem Punkt (oder in einem sehr kleinen Bereich) den Wert einer Variablen, wie Güte, Konzentration, etc., feststellt, dann könnte dieser dort zufällig grösser oder kleiner als der Durchschnitt in einem etwas grösseren Bereich ausfallen. Beim Wert $z(\underset{\sim}{x})$ an einer bestimmten Stelle $\underset{\sim}{x}$ kommt also eine gewisse Zufälligkeit ins Spiel. Daher interpretiert man den tatsächlichen Wert $z(\underset{\sim}{x})$ als eine *Realisation* einer *Zufallsvariablen* $Z(\underset{\sim}{x})$, (eine Realisierung einer zufälligen Grösse mit (eventuell unendlich) vielen möglichen Werten).

Ohne auf tiefgreifende Axiome der Wahrscheinlichkeitsrechnung einzugehen, stellen wir uns eine Zufallsvariable intuitiv als Funktion von zufälligen *(Elementar-) Ereignissen* in die reellen Zahlen mit gewissen Eigenschaften vor.

Als einfaches Beispiel betrachten wir das Werfen von Würfeln. Nach einem Wurf zeigt ein "symmetrischer" Würfel eine Augenzahl (1,2,3,4,5 oder 6), wobei jede Zahl mit gleicher Chance oder Wahrscheinlichkeit auftritt. Diese beträgt 1/6. Bezeichnen wir die Variable, die die Augenzahl beschreibt, mit

Z. Diese "Zufallsvariable" kann die Werte 1,2,...,6 annehmen, und zwar mit gleichen Wahrscheinlichkeiten P = 1/6. Wir schreiben

$$P(Z = i) = 1/6, \ i = 1,...,6.$$

Eine spezielle Augenzahl z = i stellt eine Realisation von Z dar. Betrachten wir als komplizierteres Experiment das gleichzeitige Werfen von n (>1) Würfeln. Dabei soll uns nicht die Augenzahl jedes einzelnen Würfels, sondern nur die Summe Y aller Augenzahlen interessieren. Der Wertebereich von Y ist n, n+1, ..., 6*n und die Wahrscheinlichkeiten des Auftretens dieser Werte von Y können theoretisch berechnet werden. Zum Beispiel gilt

$$P(Y = n) = \frac{1}{6}\,\frac{1}{6}\,...\,\frac{1}{6} = 1/6^n.$$

Die Wahrscheinlichkeit eines bestimmten anderen Wertes von Y lässt sich durch Betrachtung aller entsprechenden Kombinationen der Augenzahlen der einzelnen Würfel (der "Elementarereignisse"), deren Wahrscheinlichkeiten des Auftretens bekannt sind, und die zusammen den Wert der Wahrscheinlichkeit von Y liefern, finden.

Ähnliche Überlegungen kann man im weitaus komplizierteren Fall von Variablen, die für die Erdwissenschaften in Frage kommen, anstellen. Der Hauptunterschied zum Beispiel mit den Würfeln liegt darin, dass man im allgemeinen nicht Zugang zum Zufallsmechanismus hat. Die Güte von Erz $z(\underline{x})$ an einem bestimmten Ort $\underline{x}$ ist durch eine Reihe von Elementarereignissen (wie Gesteinsbewegungen, chemische Reaktionen, etc.) zustandegekommen, die wir allerdings in erster Linie nicht kennen. Auf Grund eines anderen, zufälligen Zusammenwirkens der Elementarereignisse hätte eine andere Güte $z(\underline{x})$ erreicht werden können. Wir sehen also, dass der Wert $z(\underline{x})$ ein Ergebnis (ein Ereignis) eines Zufallsmechanismus darstellt, das mit einer gewissen Wahrscheinlichkeit eingetreten ist. Alle möglichen Ereignisse werden durch die Zufallsvariable $Z(\underline{x})$ zusammengefasst und mit ihr wird eine gewisse Wahrscheinlichkeitsverteilung assoziiert.

In Fig. 1.1 wird die Verteilung des Anteils an Eisen in %

dargestellt. Die zackige Kurve wurde durch viele Messungen empirisch und die glatte durch entsprechende Stilisierung erstellt. Die Fläche unter der Kurve f, die man als <u>Wahrscheinlichkeitsdichte</u> bezeichnet, ist 1. Die Wahrscheinlichkeit, dass der Wert der Zufallsvariablen Z in ein gewisses Intervall [a,b] fällt, lässt sich in diesem Fall durch Integration über f bestimmen, nämlich durch

$$P(Z \in [a,b]) = \int_a^b f(z)dz.$$

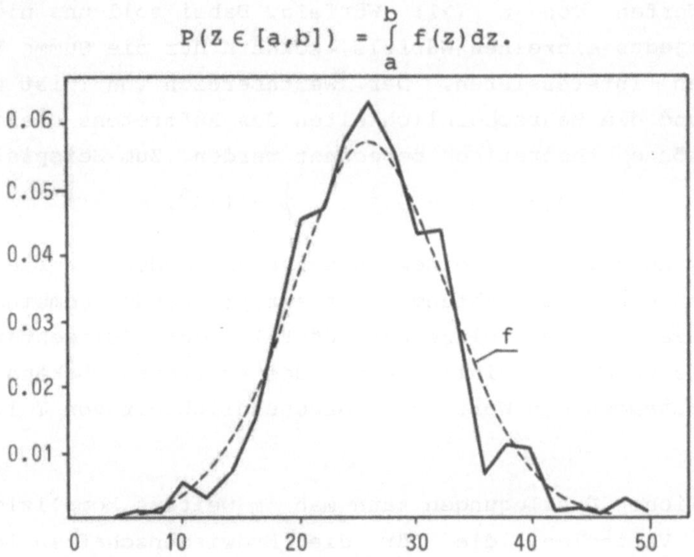

Fig. 1.1. Häufigkeitsverteilung des Anteils an Eisen in %.

Neben der Dichte f verwendet man noch häufig den Begriff der kumulativen Verteilungsfunktion F, die durch Aufsummierung definiert ist. Es gilt

$$F(z) = P(Z \leq z) = \int_{-\infty}^{z} f(t)dt.$$

Eine Zufallsvariable $Z(\underset{\sim}{x})$ wird also durch ihre Wahrscheinlichkeitsverteilung P, durch F oder f beschrieben. Eine konkrete Realisation wird mit dem entsprechenden Kleinbuchstaben $z(\underset{\sim}{x})$ bezeichnet. Der Wert $z(\underset{\sim}{x}')$ an einer anderen Stelle $\underset{\sim}{x}'$ kann prinzipiell nicht auch als eine Realisation der gleichen Zufallsvariablen $Z(\underset{\sim}{x})$, sondern nur als Realisation einer anderen Zufallsvariablen, nämlich $Z(\underset{\sim}{x}')$, angesehen werden. Die Funktion, die an jeder Stelle $\underset{\sim}{x}$ eines bestimmten Bereiches D eine Zufallsvariable $Z(\underset{\sim}{x})$ definiert, heisst <u>Zufallsfunktion</u>. Neben der Wahrscheinlichkeitsverteilung an jeder Stelle $\underset{\sim}{x}$ gibt es jetzt gewisse Zusammenhänge zwischen den Variablen $Z(\underset{\sim}{x})$ und $Z(\underset{\sim}{x}')$ (Korrelationen), die zur Charakterisierung der gesamten Zufallsfunktion Z notwendig sind. Die regionalisierte Variable z stellt eine Realisation dieser Zufallsfunktion Z dar.

(b) Mittel und Varianz

Eine Zufallsfunktion $Z = Z(\omega,\underset{\sim}{x})$ hängt genau genommen von 2 Argumenten ab, von Elementarereignissen ω und vom Ort $\underset{\sim}{x}$. In diesem Unterabschnitt betrachten wir wieder nur einen bestimmten Ort $\underset{\sim}{x}$, sodass wir $Z(\underset{\sim}{x})$ als gewöhnliche Zufallsvariable ansehen können. Ein wesentliches Hilfsmittel bei der Beschreibung der Verteilung ist der Begriff der Erwartung EZ der Zufallsvariablen Z. Diese wird durch das gewogene (oder gewichtete) Mittel aller Werte, gewogen durch die Wahrscheinlichkeitsdichte f, definiert, nämlich durch

$$EZ = \int_{-\infty}^{\infty} zf(z)dz.$$

Die Integration geht dabei über den gesamten Wertebereich, z.B. bei Erzanteilen von 0 bis 100%. Im Falle von nur endlich vielen möglichen Werten c_j mit entsprechenden Wahrscheinlichkeiten f_j, $j = 1,\ldots,k$, bildet man eine Summe:

$$EZ = \sum_{j=1}^{k} c_j f_j.$$

Diese theoretische Erwartung einer Zufallsvariablen wird auch einfach Mittel m = EZ genannt.

Die Varianz σ^2 einer Zufallsvariablen ist durch den zu erwartenden Wert (also durch den durchschnittlichen Wert) der quadratischen Abweichung definiert. Im allgemeinen Fall heisst dies

$$\sigma^2 = \text{Var } Z = E[(Z-m)^2] = \int_{-\infty}^{\infty} (z-m)^2 f(z)dz$$

und bei endlich vielen Werten

$$\sigma^2 = \sum_{j=1}^{k} (c_j-m)^2 f_j.$$

Die Quadratwurzel der Varianz wird auch als Standardabweichung oder Streuung bezeichnet. Sie stellt ein Mass für die Breite der Verteilung, also der Variabilität von Z dar. Die Dimension der Streuung ist natürlich gleich der unserer Variablen Z, und man definiert z.B. ein Toleranzintervall, das besagt, dass eine Realisation in diesem Intervall $m \pm 2\sigma$, mit einer gewissen (hohen) Wahrscheinlichkeit liegt.

Im praktischen Fall, wenn n empirische Probenwerte $z_1,\ldots,z_n$ einer Zufallsvariablen zur Verfügung stehen, kann die Erwartung durch einfache Mittelbildung geschätzt werden. Für das geschätzte, einfache Mittel $\hat{m}$ erhalten wir

$$\hat{m} = \hat{E}Z = \frac{1}{n} \sum_{i=1}^{n} z_i$$

und für die geschätzte Varianz

$$\hat{\sigma}^2 = \hat{E}(Z-\hat{m})^2 = \frac{1}{n-1} \sum_{i=1}^{n} (z_i-\hat{m})^2,$$

wobei i.a. durch n-1 dividiert wird, um den Informationsverlust durch die Schätzung von m zu kompensieren.

(c) Das Variogramm

Betrachten wir nun zwei Zufallsvariable $Z(\underset{\sim}{x})$ und $Z(\underset{\sim}{x}+\underset{\sim}{h})$. Die Variabilität (als Mass der statistischen Abhängigkeit oder, besser, Unabhängigkeit) zwischen den beiden wird durch den erwarteten Wert der quadrierten Differenz oder des quadrierten Zuwachses beschrieben und als Variogramm-Funktion oder kurz Variogramm

$$2\,\gamma(\underset{\sim}{x},\underset{\sim}{h}) = E\{[Z(\underset{\sim}{x})-Z(\underset{\sim}{x}+\underset{\sim}{h})]^2\}$$

bezeichnet. Sie stellt ein (inverses) Mass der gegenseitigen, statistischen Abhängigkeit der Variablen an den Stellen $\underset{\sim}{x}$ und $\underset{\sim}{x}+\underset{\sim}{h}$ dar.

Die praktische Berechnung des Variogramms bei Vorliegen von empirischen Werten z wird über die oben erwähnte Schätzung der Erwartung durchgeführt werden. Leider steht bei der Anwendung im Bergbau jeweils nur ein einziger Wert (Realisation) der

Variablen an einer Stelle $\underset{\sim}{x}$ bzw. $\underset{\sim}{x}+\underset{\sim}{h}$ zur Verfügung, sodass man so keine Mittelbildung durchführen kann. Man versucht daher diese Schwierigkeit durch gewisse Hypothesen zu bewältigen. In diesem Fall nimmt man die <u>intrinsische</u> (innere, wesentliche) Hypothese, die besagt, dass das Variogramm 2γ nur von der Differenz $\underset{\sim}{h} = (\underset{\sim}{x}+\underset{\sim}{h})-\underset{\sim}{x}$ der beiden Orte und <u>nicht</u> vom Ort $\underset{\sim}{x}$ selbst abhängt. Man nennt diese Hypothese auch Hypothese des <u>stationären Zuwachses</u>. Dies lässt sich natürlich nur in einem gewissen Bereich annehmen. Man kann aber dann alle Wertepaare $(z(\underset{\sim}{x}_i),$ $z(\underset{\sim}{x}_i+\underset{\sim}{h}))$, die in einem Abstand $\underset{\sim}{h}$ voneinander aufgenommen wurden, zur Schätzung des Variogramms verwenden. Dabei ist allerdings zu beachten, dass $\underset{\sim}{h}$ ein Abstandsvektor ist und i.a. neben dem absoluten Abstand $|\underset{\sim}{h}|$ auch die Richtung beschreibt. Das Variogramm für ein bestimmtes $\underset{\sim}{h}$ wird dann geschätzt durch

$$2\hat{\gamma}(\underset{\sim}{h}) = \frac{1}{n(\underset{\sim}{h})} \sum_{i=1}^{n(\underset{\sim}{h})} [z(\underset{\sim}{x}_i)-z(\underset{\sim}{x}_i+\underset{\sim}{h})]^2,$$

wobei $n(\underset{\sim}{h})$ die Anzahl von Wertepaaren mit Abstand $\underset{\sim}{h}$ bezeichnet. Hält man die Richtung von $\underset{\sim}{h}$ fest und ändert nur die Distanz $|\underset{\sim}{h}|$,

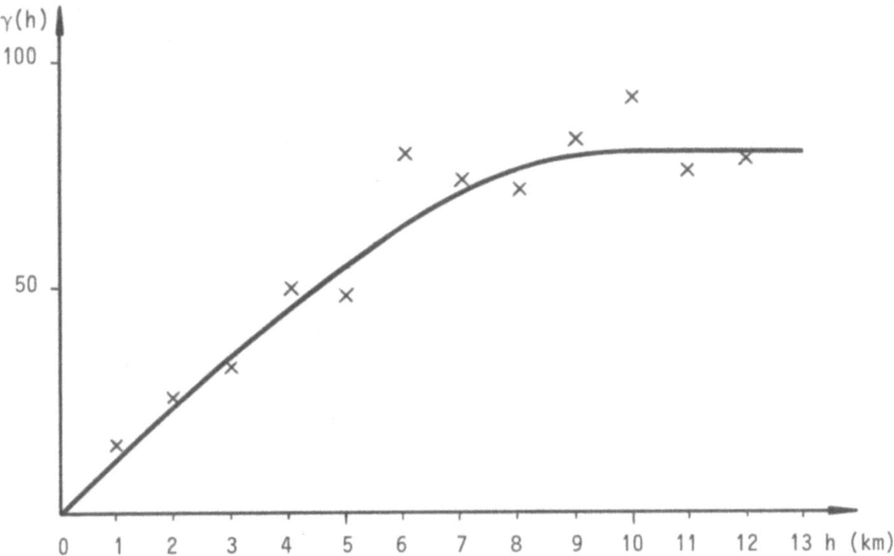

Fig. 1.2. Typische Form eines empirischen Variogramms und eines entsprechenden Modells.

so kann man die Werte von $\hat{\gamma}(|\underset{\sim}{h}|)$ in einer Zeichnung auftragen. Eine typische Form ist in Fig. 1.2 dargestellt.

In Fig. 1.2. sieht man, dass ein Variogramm im Ursprung praktisch gleich 0 ist, dann ansteigt und meistens gegen einen maximalen Wert strebt.

(d) Einige Anwendungen

Das Variogramm dient als eines der wichtigsten Werkzeuge in der Strukturanalyse der räumlichen Verteilung von bestimmten Variablen. Es stellt eine gute Zusammenfassung der Information über ein Gebiet dar.

Für $\underset{\sim}{h} = \underset{\sim}{0}$ ist $\gamma(\underset{\sim}{0})$ definitionsgemäss gleich 0. Für steigende Werte von $|\underset{\sim}{h}|$ wird die Variabilität und damit auch das Variogramm ansteigen. Die Geschwindigkeit des Anstiegs wird durch die Kontinuität, Stetigkeit oder Glattheit der Variablen im Raum bestimmt.

Nach einem bestimmten Abstand $|\underset{\sim}{h}| = a$ kann eine Stabilisierung der Kurve eintreten. Dies bedeutet, dass sich $Z(\underset{\sim}{x})$ und

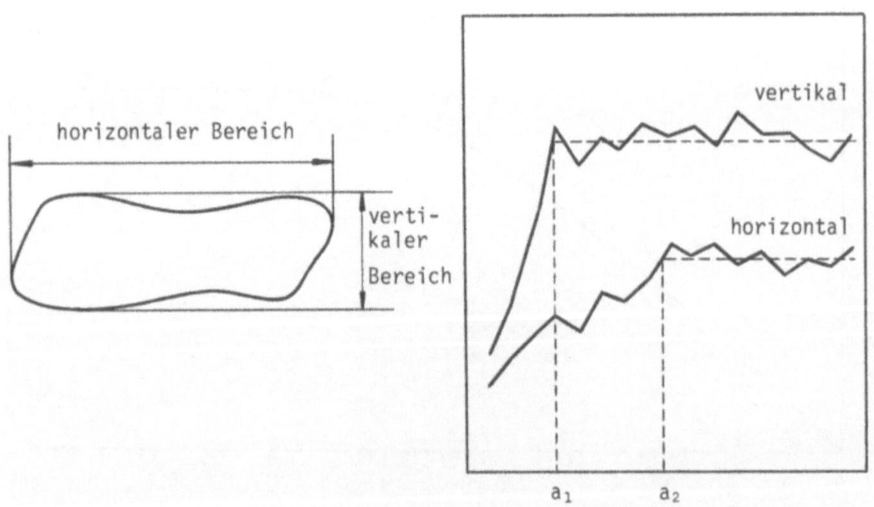

Fig. 1.3. Variogramm bezüglich verschiedener Richtungen.

$Z(\underset{\sim}{x}+\underset{\sim}{h})$ kaum mehr beeinflussen. a wird daher auch (Einfluss-) <u>Bereich</u> der Variablen Z genannt. Dieser hängt natürlich von der Richtung ab, wie in Fig. 1.3 zum Ausdruck kommt.

Wenn von einem Punkt $\underset{\sim}{x}$ ausgehend der Wert der Variablen an der Stelle $\underset{\sim}{x}+\underset{\sim}{h}$ geschätzt werden soll, so wird die <u>Schätzvarianz</u>

$$\sigma_E^2 = E\{[Z(\underset{\sim}{x})-Z(\underset{\sim}{x}+\underset{\sim}{h})]^2\} = 2\,\gamma(\underset{\sim}{x},\underset{\sim}{h}),$$

als wichtiger Faktor betrachtet, der sich direkt aus dem Variogramm ablesen lässt. Häufig wird man natürlich das Mittel der Variablen Z_V über einen Bereich (Block) V von einem Bereich v ausgehend zu schätzen wünschen. Z_V errechnet sich als durchschnittlicher Wert

$$Z_V = \underset{V}{\text{ave}}\,\{Z(\underset{\sim}{x})\} = \frac{1}{V}\int_V Z(\underset{\sim}{x})\,d\underset{\sim}{x}.$$

Der bekannte Bereich v könnte eine Zusammenfassung von Bohrlöchern an den Stellen $\underset{\sim}{x}_1,\ldots,\underset{\sim}{x}_n$ symbolisieren, sodass man die Summenschreibweise

$$Z_v = \frac{1}{n}\sum_{i=1}^{n} Z(\underset{\sim}{x}_i).$$

verwenden kann. Es lässt sich nun zeigen, dass sich die Varianz der Schätzung von v auf V in Termen des Variogramms ausdrücken lässt. Es gilt (ohne Beweis)

$$\sigma_E^2 = E\{[Z_V-Z_v]^2\} = 2\bar{\gamma}(V,v)-\bar{\gamma}(V,V)-\bar{\gamma}(v,v),$$

wobei $\bar{\gamma}(V,v)$ den Mittelwert über alle Wertepaare $(\underset{\sim}{x}_1,\underset{\sim}{x}_2)$ darstellt, mit $\underset{\sim}{x}_1$ aus V und $\underset{\sim}{x}_2$ aus v. In unserem Fall berechnet sich $\bar{\gamma}(V,v)$ als

$$\bar{\gamma}(V,v) = \frac{1}{nV}\sum_{i=1}^{n}\int_V \gamma(\underset{\sim}{x}_i-\underset{\sim}{x})\,d\underset{\sim}{x}.$$

Für die Berechnung von $\bar{\gamma}(V,V)$ und $\bar{\gamma}(v,v)$ gilt ähnliches.

Die Formel der Schätzvarianz berücksichtigt die folgenden 4 Punkte:

(i) Relative Abstände zwischen V und v, ausgedrückt durch $\bar{\gamma}(V,v)$.

(ii) Grösse <u>und</u> Geometrie des Blockes V: $\bar{\gamma}(V,V)$.

(iii) Grösse und räumliche Anordnung der Information von

v: $\bar{\gamma}(v,v)$.

(iv) Grad der Kontinuität des Phänomens, der sich in der Form des Variogramms $\gamma(\underset{\sim}{h})$ ausdrückt.

Die Genauigkeit von Schätzungen hängt allerdings nicht nur von der Varianz ab, sondern von der gesamten Form der Verteilung. Nur mit Kenntnis dieser lassen sich genaue Vertrauensbereiche (oder Konfidenzintervalle) festlegen. Da diese i.a. schwierig zu ermitteln sind, hat sich in der Geostatistik das 95%-Intervall der Normalverteilung (mit der Gauss'schen Glockenkurve) eingebürgert, das ungefähr als $\pm 2\sigma_E$ genommen wird. Interessanterweise stellt sich in der Praxis heraus, dass die meisten Verteilungen mehr Werte in der Mitte und mehr Werte in den Schwänzen aufweisen und dass dafür die Flanken schwächer ausfallen. Das 95%-Intervall erweist sich dabei ungefähr als das gleiche. Fig. 1.4 soll das illustrieren.

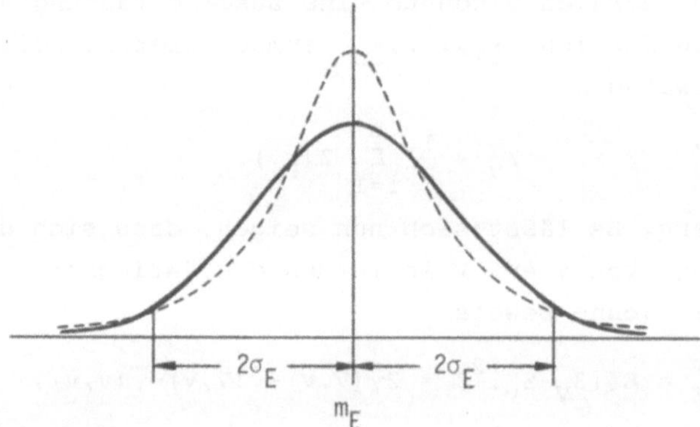

Fig. 1.4. Vergleich von praktischen Verteilungen mit der Gauss'schen Glockenkurve.

Der Block V kann im Prinzip beliebige Formen haben. Ein Extremfall wäre ein punktförmiger Block. Das heisst, man würde sich für den möglichen Wert der Realisation der Variablen $Z(\underset{\sim}{x})$ an der Stelle $\underset{\sim}{x}$ interessieren, natürlich mit dazugehöriger Schätzvarianz, d.h. Genauigkeit, Schätzung eines Toleranzintervalls, etc. Diese Methode der relativ optimalen Schätzung eines Wertes von z an einer beliebigen Stelle $\underset{\sim}{x}$ mit der Information aus der Umgebung eignet sich bestens zur Erstellung von geographischen Karten einer Variablen, wenn nur eine beschränkte

Anzahl von Messwerten zur Verfügung steht. Ein Beispiel wird in Fig. 1.5 illustriert, wo Isolinien von Niederschlagswerten dargestellt werden.

Betrachten wir nun die Varianz der gemessenen Werte von z_v innerhalb von V, das heisst, die Varianz der räumlichen Verteilung (Streuungsvarianz, "dispersion variance") (siehe dazu das folgende einfache Rechenbeispiel). Man kann sich überlegen, dass diese Varianz grösser wird, wenn V vergrössert wird, und fällt, wenn v vergrössert wird. Die Streuungsvarianz lässt sich natürlich nach der Probenahme von v berechnen. Es ist aber auch möglich, sie über das Variogramm zu berechnen, nämlich durch (ohne Beweis)

$$\sigma_D^2(v/V) = \bar{\gamma}(V,V) - \bar{\gamma}(v,v).$$

Wir erwähnen noch kurz die Möglichkeit der Koregionalisierung, von der man spricht, wenn man gleichzeitig mehrere regionalisierte Variable betrachtet. Dabei können Abhängigkeiten zwischen den Variablen vorteilhaft verwendet werden. Als Werkzeug dient das Kreuz-Variogramm der zwei Variablen $Z_1(\underset{\sim}{x})$ und $Z_2(\underset{\sim}{x})$

$$2\gamma_{12}(\underset{\sim}{h}) = E\{[Z_1(\underset{\sim}{x})-Z_1(\underset{\sim}{x}+\underset{\sim}{h})][Z_2(\underset{\sim}{x})-Z_2(\underset{\sim}{x}+\underset{\sim}{h})]\},$$

das die Abhängigkeit zwischen den beiden Variablen im Abstand $\underset{\sim}{h}$, besser, die Kovarianz zwischen der Differenz der 1. Variablen (mit örtlichem Abstand $\underset{\sim}{h}$) und der Differenz der 2. misst.

Die Theorie der regionalisierten Variablen kann auch dazu verwendet werden, Lagerstätten zu simulieren. Liegen bestimmte Werte $z(\underset{\sim}{x}_i)$ vor und die Wahrscheinlichkeitsstruktur von Z ist ungefähr bestimmt, so können neben den gemessenen Werten Realisationen aus der Zufallsstruktur durch Simulation erzeugt werden. Diese werden zwar von den tatsächlichen Werten $z(\underset{\sim}{x})$ abweichen, sollten aber die gleiche Verteilungsstruktur aufweisen und an den gemessenen Stellen $\underset{\sim}{x}_i$ mit $z(\underset{\sim}{x}_i)$ übereinstimmen.

Als Beispiel betrachten wir Niederschlagsmengenmessungen in einem Gebiet wie es Fig. 1.5 zeigt ([6]). Aus den Messwerten

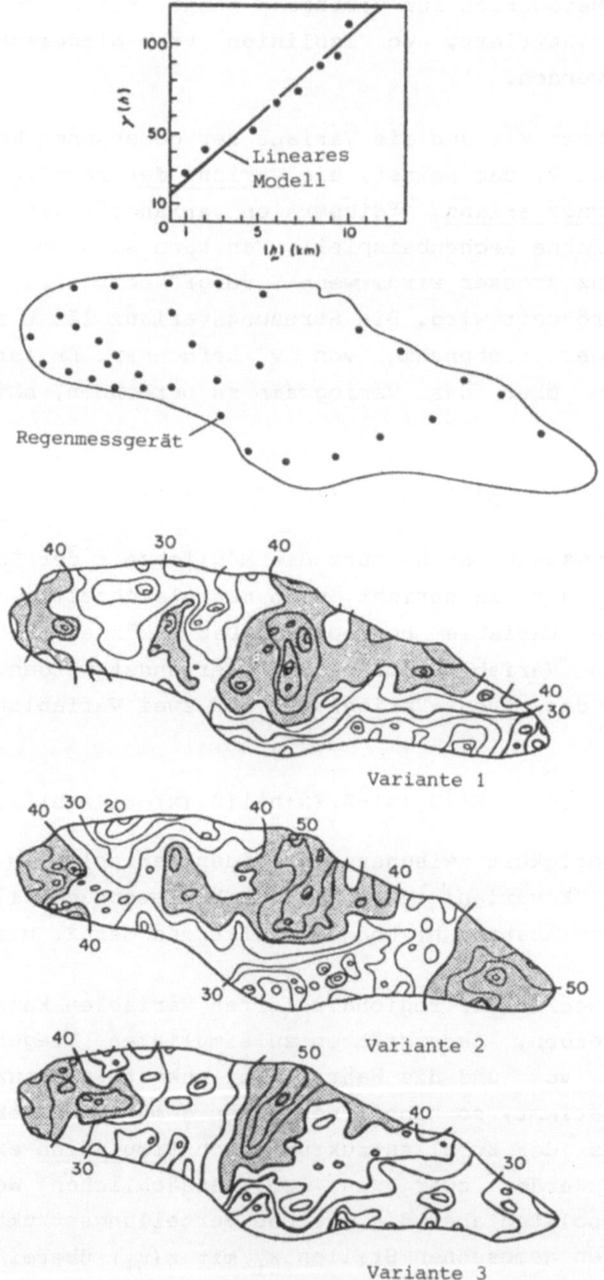

Fig. 1.5. Variogramme, Messstellen und Isolinien von simulierten Werten von Niederschlagsmengen.

an den angezeigten Stellen wurde ein Variogramm $\gamma(|\underline{h}|)$ (richtungsunabhängig) berechnet und durch ein lineares Modell (wegen der geringen Grösse der Region) idealisiert. Damit wurden 3 verschiedene Simulationen durchgeführt und in Niederschlagskarten festgehalten. Man sieht, dass die Ergebnisse an Stellen mit dichteren Messpunkten viel ähnlicher sind als an Stellen mit wenigen.

(e) Einfaches Zahlenbeispiel (idealisiert)

Gegeben sei eine Lagerstätte V, die in n = 5 Blöcke v_1 bis v_5 eingeteilt ist. Die wahren (durchschnittlichen) Werte von Z_i in v_i und von den geschätzten $\hat{Z}_i$ sind in Tab. 1.1 angegeben.

Tab. 1.1. Werte einer fiktiven Lagerstätte

i	z_i	$\hat{z}_i$	$(z_i-\bar{z})^2$	$(\hat{z}_i-\bar{\hat{z}})^2$	$z_i-\hat{z}_i$	$(z_i-\hat{z}_i)^2$
1	5	6	0	1	-1	1
2	7	6	4	1	1	1
3	6	4	1	1	2	4
4	2	4	9	1	-2	4
5	5	5	0	0	0	0
Σ	25	25	14	4	0	10

Der Mittelwert der Werte von z errechnet sich als $\bar{\hat{z}} = 25/5 = 5$.
Die Varianz der räumlichen Verteilung wird

$$\sigma_D^2(v/V) = \frac{1}{n}\,\Sigma(z_i-\bar{z})^2 = 14/5 = 2.8$$

und die der geschätzten Werte

$$\sigma_D^2(\hat{v}/V) = \frac{1}{n}\,\Sigma(\hat{z}_i-\bar{\hat{z}})^2 = 4/5 = .8.$$

Die Varianz der Schätzung beträgt aber

$$\sigma_E^2 = \frac{1}{n}\,\Sigma(z_i-\hat{z}_i)^2 = 10/5 = 2.0.$$

Man sieht empirisch, dass zwischen den drei Varianzen die ungefähre Beziehung

$$\sigma_D^2(v/V) \equiv \sigma_D^2(\hat{v}/V) + \sigma_E^2$$

besteht. Um ein Vertrauensintervall für die wahren Werte von z_i anzugeben, nehmen wir als Grundlage eine 95% statistische Sicherheit und eine ungefähre Normalverteilung der assoziierten Zufallsvariablen an. Der ungefähre Vertrauensbereich für z_i wird dann $\hat{z}_i \pm 2.\sigma_E$ oder

$$\hat{z}_i - 2.\sigma_E \leq z_i \leq \hat{z}_i + 2.\sigma_E,$$

$$\hat{z}_i - 2.\sqrt{2} \leq z_i \leq \hat{z}_i + 2.\sqrt{2},$$

$$\hat{z}_i - 2.82 \leq z_i \leq \hat{z}_i + 2.82.$$

1.3 Typische Fragestellungen

Wie früher bemerkt, erhält man aus der ersten geologischen Erschliessung einer möglichen Lagerstätte im wesentlichen qualitative Information und eventuell quantitative Angaben in unsystematischer Weise. Dabei ist es im allgemeinen nicht möglich, mit dieser geringen Information repräsentative Histogramme, Variogramme, etc., zu erstellen, die die Struktur der Mineralisierung charakterisieren. Die geostatistische Strukturanalyse ermöglicht es allerdings, schon mit sehr wenig Information, wenn diese auch nur qualitativer Natur ist, Richtlinien für die Konstruktion und Interpretation der verschiedenen empirischen Variogramme zu geben. Diese Variogramme bilden dann ein wesentliches Werkzeug für spätere Studien.

(a) Globale Schätzungen

Nach der ersten geologischen Erschliessung schreitet man zumeist zu globalen Schätzungen der "in situ"-Ressourcen wie Gesamtmenge eines Erzes, Menge eines Metalls und mittlere Güte. Diese Schätzungen müssen auch mit einem Konfidenzbereich versehen sein, der gestattet festzustellen, ob die Ressourcen genau genug geschätzt wurden, damit der nächste Punkt der Erschliessung der Lagerstätte begonnen werden kann.

Schätzungen können auf verschiedene Arten durchgeführt werden. Ein Beispiel bei der Schätzung einer mineralisierten

Oberfläche wäre die Interpolation zwischen den Bohrlöchern mit positiven und negativen Abweichungen. Mineralisierte Dicke oder mittlere Güte könnte durch arithmetische Mittelwertbildung der vorhandenen Daten geschätzt werden. Die Geostatistik ermöglicht es jedoch, mit der Schätzvarianz die Zuverlässigkeit jeder dieser Methoden zu quantifizieren und damit die Auswahl zu erleichtern. Der Begriff der Schätzvarianz kann umgekehrt auch dazu benützt werden, genauere Schätzungen zu finden.

(b) Lokale Schätzungen

Wenn eine Lagerstätte global als abbaufähig befunden wurde, beginnt die lokale Schätzung, d.h. die Schätzung von einzelnen Blöcken. Sie sollte eine Vorstellung der räumlichen Verteilung der vorhandenen Ressourcen geben, die als Grundlage zur Bewertung der abbaufähigen Reserven dient.

Verschiedene Blöcke müssen bei gleicher Information nicht mit der gleichen Methode geschätzt werden. Betrachten wir z.B. den im nächsten Bild Fig. 1.6 dargestellten Block V, der mit Hilfe der an den räumlich verteilten Punkten 1 bis 8 gemessenen Information geschätzt werden soll. Die gemessenen Werte seien z_i, i = 1,...,8, und eine Schätzung für den mittleren Wert in V, z_V, sei gesucht. (Die damit assoziierten Zufallsvariablen bezeichnen wir mit entsprechenden Grossbuchstaben, z.B. Z_V.) Zur Schätzung von Z_V kann der sogenannte <u>"Krige-Schätzer"</u> verwendet

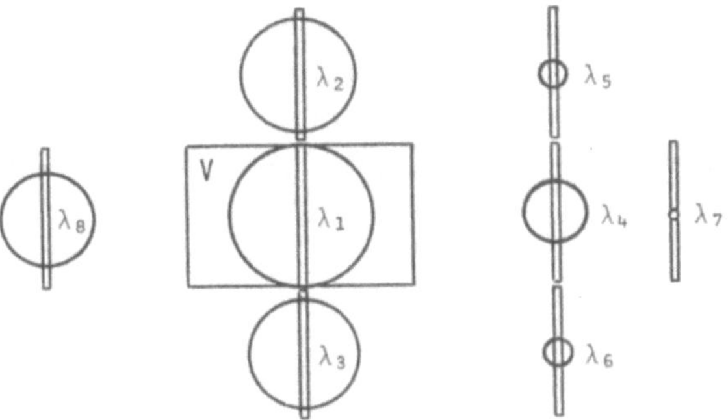

Fig. 1.6. Zu schätzender Block V mit Messungen $z_1,\ldots,z_8$.

werden, der sich als Linearkombination der n Datenwerte darstellt, nämlich als

$$\hat{Z}_V = \sum_{i=1}^{n} \lambda_i Z_i.$$

Die Gewichte λ_i werden dabei so gewählt, dass sie die folgenden 2 Bedingungen erfüllen:

(i) Die Schätzung ist erwartungstreu (unverzerrt). D.h. der durchschnittliche Schätzfehler soll bei wiederholtem Schätzen null werden; genauer

$$E[Z_V - \hat{Z}_V] = 0.$$

(ii) Die Schätzvarianz $\sigma_E^2 = E[Z_V - \hat{Z}_V]^2$ soll minimal werden.

Nehmen wir an, dass es in dem abgebildeten Beispiel keine besondere Struktur bezüglich der räumlichen Richtung (Isotropie) gäbe, d.h. die Variablität ist in jeder Richtung die gleiche. Sind alle n = 8 Messungen gleicher Natur, so kann intuitiv über die Gewichte λ_i folgendes ausgesagt werden.

(i) Es gibt eine gewisse Symmetrie, d.h. $\lambda_2 = \lambda_3$ und $\lambda_5 = \lambda_6$.

(ii) Bestimmte Werte müssen ein höheres Gewicht erhalten, z.B. $\lambda_1 \geq \lambda_i$, $i \neq 1$; $\lambda_7 \leq \lambda_4$, d.h. der Wert von Z_4 ist einflussreicher (wichtiger) als der von Z_7; dagegen ist Z_8 wichtiger ($\lambda_8 \geq \lambda_4$), weil der Einfluss aus dem Bereich von Z_4 auch in den Variablen Z_5 und Z_6 zum Tragen kommt.

Intuitiv ist klar, dass die Genauigkeit von solchen Schätzungen auch von der Grösse der Proben, die als Basis für die Information dient, und von der Genauigkeit der Probenwerte abhängt. Darauf werden wir aber noch später mit mehr Details zurückkommen.

2. Statistische Grundbegriffe

In diesem Kapitel definieren wir statistische Begriffe, die für eine einfache Datenanalyse notwendig sind. Gegeben sei eine Datenmenge, i.a. eine Menge von Zahlen. Man möchte sich ein Bild dieser Daten machen, und wie der Wunsch schon anregt, geschieht dies am besten graphisch.

2.1 Graphische Darstellung

(a) Histogramm

Kupfergehalte von 5 Bodenproben wurden gemessen: 25, 28, 21, 25 und 27 ppm. Wie sind diese Gehalte grössenmässig verteilt? Ein Histogramm könnte folgendermassen aussehen:

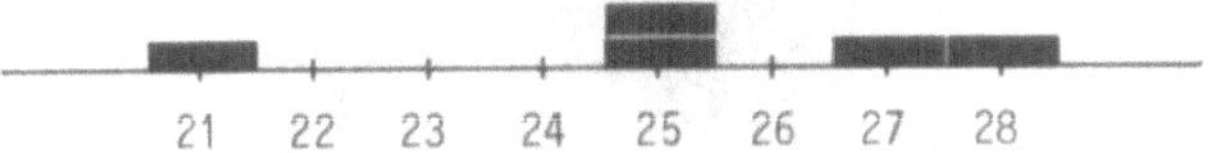

Fig. 2.1. 5 Kupfergehalte in ppm.

Interessanter wird es, wenn mehr Zahlenmaterial vorliegt; z.B. Kupfergehalte von 50 Bodenproben:

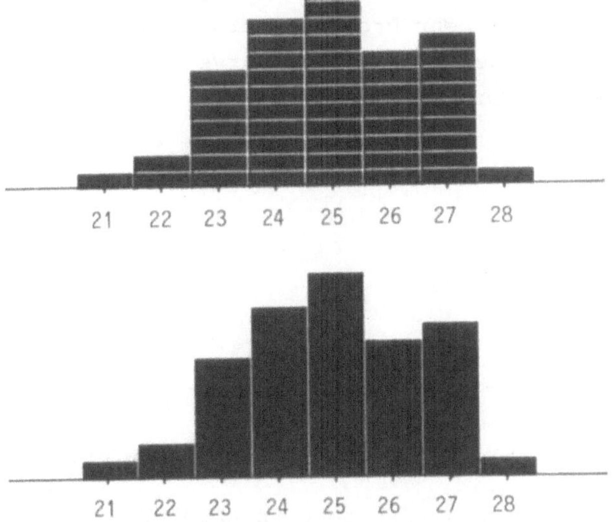

Fig. 2.2. Kupfergehalte in ppm.

Vermutlich liegen die durchschnittlichen Grössen bei 24 oder 25 ppm.

Die Messgrösse (Kupfergehalt) ist zweifellos eine stetige Variable. Allerdings wird sie wegen den natürlichen Gegebenheiten nur diskret registriert. Um die Häufigkeiten in einem Histogramm auftragen zu können, müssen aber auf alle Fälle die Daten diskretisiert werden. Die Frage der Klassenbreite bleibt aber offen. Wird der Kupfergehalt auf $\frac{1}{2}$ ppm genau gemessen, dann könnte man ein Histogramm wie in Fig 2.3 zeichnen.

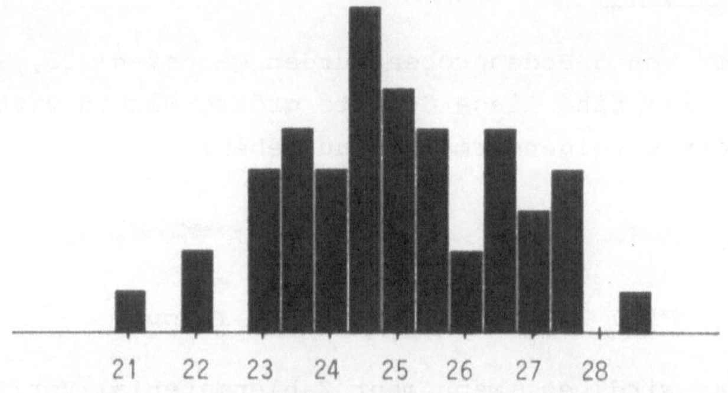

Fig. 2.3. Kupfergehalte in ppm.

Theoretisch könnte man die Einteilung immer feiner machen, genauer messen und mehr Proben untersuchen, sodass die Kontur des Histogramms gegen eine glatte Kurve strebt wie sie in Fig. 2.4 wiedergegeben ist.

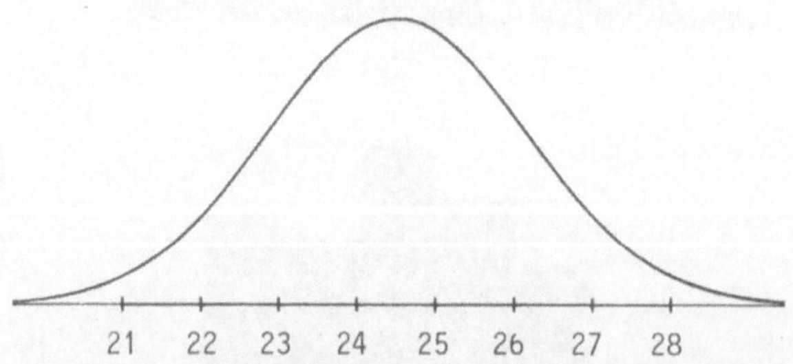

Fig. 2.4. Ideale Grenzverteilung von Kupfergehalten.

Die Häufigkeiten wurden oben in absoluten Werten angegeben (absolute Häufigkeiten). Genauso hätte man die Häufigkeiten auf die Gesamtanzahl (hier 50) beziehen können (relative Häufigkeiten).

Manchmal fällt ein Datenpunkt gerade auf das Ende eines Intervalls, und man muss entscheiden, in welche Klasse der Wert gegeben wird. In unserem Beispiel wurde der "Beobachter" (die Person, die den Kupfergehalt analysierte) beauftragt, die Grössen auf ein Zehntel ppm aufzunehmen und für den Fall, dass eine Grösse nahe einem halben ppm liegt, ein + bzw. - Zeichen zur entsprechenden Zahl zu schreiben, wenn der Wert knapp darüber bzw. darunter liegt. Die gemessenen Werte werden in der folgenden Tabelle 2.1 angegeben.

Tab. 2.1. Werte von Kupfergehalten in ppm.

28.3	25.4	27.0	25.5-	20.9	24.0	25.1	22.2	24.8	25.1
23.5-	24.6	26.1	24.7	26.5-	27.5-	25.6	22.9	25.5+	23.5-
23.9	26.5+	24.5-	24.3	24.5+	27.0	27.3	25.0	22.8	23.5+
26.4	27.1	23.4	24.1	26.7	24.9	23.5+	27.4	25.5+	22.8
25.1	24.7	26.3	21.8	23.2	24.3	24.5-	26.0	24.1	27.5-

In der Praxis mit Papier und Bleistift wird man allerdings nicht direkt mit Histogrammen sondern eher mit Strichlisten, oder besser, mit sogenannten Zehnersystemen (siehe Tukey, 1977, [17]) arbeiten. Die im folgenden behandelten Darstellungen vermeiden jedoch die Komplikation des Auf- und Abrundens. Es wird einfach abgeschnitten, um die Klassenzugehörigkeit zu ermitteln. Gleichzeitig wird möglichst viele Information innerhalb jeder Klasse mitgeliefert.

(b) Stamm-und-Blatt-Darstellung

Wenn in den Daten mehr Information als die Klassenzugehörigkeit steckt, ist es günstiger, statt einfacher Symbole (Kästchen, Striche, etc.) Ziffern zu verwenden. Diese können später für verschiedene Statistiken verwendet werden.

Beispiel 2.1 (Marsal, 1979, [10]): Verteilung der Porosität (prozentualer Anteil des Porenraumes eines Gesteins am Gesamtvolumen) in einem Sandstein. 57 Werte (in %) wurden an einem Teilprofil einer Bohrung gemessen:

22.1 23.5 25.3 26.6 23.9 26.0 22.8 22.3 23.1 23.0 21.0 21.8
22.0 22.2 22.3 22.4 22.4 22.4 22.3 21.6 22.1 22.6 22.1 21.9
22.3 23.9 23.2 22.5 23.7 23.3 24.4 22.6 23.9 24.2 27.6 27.9
25.2 21.7 20.0 19.8 21.5 25.6 25.3 24.1 28.6 23.7 24.0 21.8
24.9 24.2 25.0 23.7 27.3 23.0 23.8 21.2 21.1

Die Verteilung soll an Hand einer Stamm-und-Blatt-Darstellung untersucht werden. So eine Darstellung könnte wie in Tab. 2.2 aussehen.

Tab. 2.2. Porosität in einem Sandstein (Einheit = .1).

		h_i	f_i rel.	Kumulierung abs.	%
19	8	(1)	.018	1	1.8
20	0	(1)	.018	2	3.6
21	756210898	(9)	.158	11	19.3
22	1032345448336161	(16)	.281	27	47.4
23	5927973081907	(13)	.228	40	70.2
24	924120	(6)	.105	46	80.7
25	23063	(5)	.088	51	89.5
26	60	(2)	.035	53	93.0
27	369	(3)	.053	56	98.2
28	6	(1)	.018	57	100
		(57)			

In jeder Zeile steht in der ersten Spalte die Identifikation des "Stammes", die zusammen mit einer Ziffer in der Zeile, dem "Blatt", eine gemessene, "abgeschnittene" Grösse darstellt. Diese Zahl, z.B. 198, stellt die Grösse in der angegebenen Einheit, z.B. .1, dar. Im Falle der Tab. 2.2 würde dies bedeuten, dass einmal 198 x .1 = 19.8, einmal 200 x .1 = 20.0, etc., gemessen wurde. In der Spalte "h_i" wurden die absoluten Häufigkeiten der "Blätter" in den "Stämmen" aufgeführt, unter "f_i" die relativen, und in den letzten Spalten werden die entsprechend kumulierten (summierten) Werte angegeben. Dabei entsprechen die rechten Spalten einer üblichen Häufigkeitstabelle. Ein Summenhäufigkeitspolygon mit den Daten aus Tab. 2.2 wird in Fig. 2.5 skizziert.

In der Praxis ist es mit der einheitlichen Darstellung von einer Menge von Zahlen natürlich auch in der Stamm-und-Blatt-Darstellung ("stem-and-leaf-display") nicht so einfach. Nehmen wir z.B. einen vollständigen Datensatz von Kupferanteilen von

Bodenproben, wie sie zu Beginn des Kapitels auszugsweise beschrieben werden und dessen Werte vollständig in Tab. 2.3 aufgelistet sind. Dann liefert z.B. ein Computerprogramm (Velleman und Hoaglin, 1981, [18]) ein Resultat wie es in Output 2.1 wiedergegeben wird. Man merkt natürlich, dass der Wertebereich nicht in ganze Zahlen von 11 bis 41 unterteilt werden kann, wenn man eine sinnvolle Verteilung darstellen will. Hier werden in einem Stamm 2 verschiedene Blätter, d.h. 2 Einheiten von je 1 ppm dargestellt.

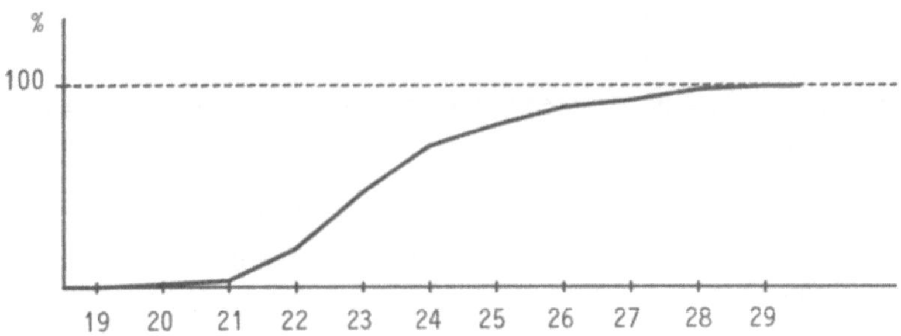

Fig. 2.5. Summenhäufigkeit der Porosität in einem Sandstein.

```
GEO: BODENPROBEN AUF GERADER LINIE IN 50 M ABSTAND:
    VARIABLE: CU.

STEM-AND-LEAF DISPLAY
LEAF DIGIT UNIT =    1.0000
1  2  REPRESENTS 12.


   4    1*   1111
   6    1T   33
  23    1F   44444445555555555
  43    1S   66666666666677777777
 (13)   1.   8888888888999
  46    2*   000000011111111
  31    2T   233333
  25    2F   4444555555
  15    2S   666777
   9    2.   8
   8    3*   01
   6    3T   33
   4    3F   5
   3    3S   6
   2    3.   9
   1    4*   1
```

Outp. 2.1. Kupfergehalte von Bodenproben in ppm.

Die aufgelisteten Blätter sind schon geordnet. Die Stämme

(Zeilen) müssten hier am besten mit je 2 Einheiten identifiziert werden. Deshalb werden grösstenteils Symbole (hier aus der englischen Sprache) verwendet (siehe Tukey, 1977, [17]): Für

0 und 1 steht *,
2 und 3 steht T,
4 und 5 steht F,
6 und 7 steht S,
8 und 9 steht . .

In der ersten Spalte stehen die sogenannten "Tiefen", d.h. die kumulativen Häufigkeiten, allerdings von jeder Seite der Extremwerte gezählt; die Häufigkeit im mittleren Stamm wird in runden Klammern eingesetzt.

Häufig enthalten Daten einige besonders hohe bzw. niedrige Werte, die nicht in das Bild der übrigen Werte passen. Ein übliches Histogramm oder eine Stamm-und-Blatt-Darstellung kann dann sehr unübersichtlich werden. Man behilft sich dabei durch Wegschreiben dieser extremen Werte. Outp. 2.2 illustriert dies mit den Nickeldaten (in ppm) aus der Tabelle im Abschnitt 2.2 (g,v). Man bemerkt, dass die relativ hohen Werte (z.B. 463 und 472 ppm) und die automatische Einteilung der Stämme ein Zusammendrängen von über 1/3 der Daten im 1. Stamm bewirken. Die Schrittweite von Stamm zu Stamm beträgt hier 50 Einheiten. In der 2. Darstellung werden die grössten Werte herausgenommen und neben dem englischen Wort HI extra angeführt. Die Übersichtlichkeit wird stark verbessert. Die Stämme mit der Identifikation "0" erhalten ein Plus vorgesetzt, um sie von eventuellen "-0"-Stämmen zu unterscheiden. Diese können bei negativen Zahlen durch das Abschneiden (statt Runden) entstehen.

Stamm-und-Blattdarstellungen helfen Strukturen in einer Datenmenge zu finden, wobei vorher keinerlei Hypothesen über die Grössen angenommen werden müssen. Insbesondere können schnell gewisse Kenngrössen wie Extremwerte (eventuelle "Anomalien") oder "mittlere" Werte gefunden werden. Siehe dazu den nächsten Abschnitt.

```
GEO: BODENPROBEN AUF GERADER LINIE IN 50 M ABSTAND:
     VARIABLE: NI.

  STEM-AND-LEAF DISPLAY
  LEAF DIGIT UNIT =   10.0000
  1  2  REPRESENTS 120.


   35    +0. 677777777777778888888888889999999999
  (23)    1* 00000001111222333344444
   44     1. 55666777888888999
   27     2* 00011222333
   16     2. 5568
   12     3* 03
   10     3. 89
    8     4* 001334
    2     4. 67

%
%XQT EDA.FILE15/FALSE
GEO: BODENPROBEN AUF GERADER LINIE IN 50 M ABSTAND:
     VARIABLE: NI.

  STEM-AND-LEAF DISPLAY
  LEAF DIGIT UNIT =   10.0000
  1  2  REPRESENTS 120.


   14   +0S  67777777777777
   35   +0.  888888888889999999999
   46    1*  00000001111
   (7)   1T  2223333
   49    1F  4444455
   42    1S  666777
   36    1.  888888999
   27    2*  00011
   22    2T  222333
   16    2F  55
   14    2S  6
   13    2.  8
   12    3*  0
   11    3T  3

         HI  38, 39, 40, 40, 41, 43, 43, 44, 46, 47
```

Outp. 2.2. Nickelgehalte [ppm], 2 verschiedene Stammdefinitionen.

2.2 Kenngrössen von Verteilungen

Verteilungen können auch (zumindest in einem gewissen Masse) durch bestimmte Grössen charakterisiert werden. Dazu gehören Kenngrössen für das Mittel (Ortsparameter), die Streuung sowie höhere Momente.

(a) Ortsparameter

Die Lokation der Verteilung einer statistischen Variablen kann meist durch eine Zahl angegeben werden. Am häufigsten wird wohl das arithmetische Mittel verwendet. Es seien n Beobachtungen (n Zahlen, bezeichnet mit x_i, i=1,...,n, z.B. Werte von Kupfergehalten) gegeben. Dann ist das arithmetische Mittel $\bar{x}$ definiert als

$$\bar{x} = \frac{1}{n} \sum_{i=1}^{n} x_i .$$

Gibt die Variable Gewichte an, so stellt $\bar{x}$ gerade den Schwerpunkt dar.

Bei Vorliegen einer Klasseneinteilung der Daten (wie in einem Histogramm) findet man $\bar{x}$ schneller über die Häufigkeiten. Bezeichnen wir die Klassenmitte mit c_j, die entsprechenden (absoluten) Häufigkeiten mit h_j und die relativen Häufigkeiten mit f_j. Gibt es k Klassen so berechnet sich $\bar{x}$ approximativ durch

$$\bar{x} = \left(\sum_{j=1}^{k} h_j c_j \right) / \sum_{j=1}^{k} h_j = \sum_{j=1}^{k} f_j c_j .$$

Da das arithmetische Mittel auch den Schwerpunkt der Verteilung angibt, wird es sehr stark von Werten, die von der Masse der Daten weit entfernt liegen, beeinflusst. Ein realistischerer Ortsparameter, der eher das "Zentrum" der Verteilung angibt, ist der Median oder Zentralwert. Wir bezeichnen ihn mit $\tilde{x}$, und er ist durch jenen Wert definiert, der die Menge der Beobachtungen in 2 gleiche Teile teilt: 50% der Werte sind kleiner als $\tilde{x}$ und 50% grösser. In Häufigkeitstabellen und in Stamm-und-Blatt-Darstellungen findet man den Wert einfach durch Abzählen. Im Summenhäufigkeitspolygon liest man $\tilde{x}$ an jener Stelle der Abszisse ab, wo das Polygon gleich $\frac{1}{2}$ ist.

Andere Kenngrössen für den Ort der Verteilung sind der Modalwert, das Mittel des Wertebereichs, etc.

Bemerkung: Wenn wir uns eine statistische Variable X als eine Zufallsvariable vorstellen, die - wie im Kapitel 1 erwähnt - als Abbildung der Elementarereignisse alle möglichen Werte repräsentiert, dann nennen wir das Mittel aller dieser Werte auch

Erwartung E und definieren diese über die relativen Häufigkeiten f (Wahrscheinlichkeitsdichte) als

$$E\,X = \int x f(x)\,dx.$$

(b) Quantile und Perzentile

Das α-Quantil Q_α ist definiert durch jenen Wert, für den ein α-Anteil der Daten kleiner und ein (1-α)-Anteil grösser als Q_α ist. Perzentile P_α sind ähnlich definiert, nur mit entsprechenden Prozent-Angaben. So ist das 10%-Perzentil unserer Verteilung der Porosität in einem Sandstein aus Beispiel 2.1 (Tab. 2.2) gleich 21.4%.

.25- und .75-Quantile heissen auch Quartile. Das .5-Quantil bezeichnet gleichzeitig den Median. Man sollte sich überlegen, wie Quantile vom Summenhäufigkeitspolygon leicht abgelesen werden können.

(c) Streuungsmasse

Der Ortsparameter allein gibt im allgemeinen kein Bild der Verteilung. Eine andere Kenngrösse für die Verteilung sollte die Variation der Werte um den Ortsparameter angeben. Man könnte eine Funktion der Abweichungen vom Mittel

$$x_i - \bar{x}$$

nehmen. Allerdings ist - wie man sich leicht überlegt - die Summe und damit das Mittel dieser Abweichungen immer gleich Null. Häufig wird daher das Quadrat der Abweichungen betrachtet, und das Mittel dieser Abweichungsquadrate

$$s^2 = \frac{1}{n-1} \sum_{i=1}^{n} (x_i-\bar{x})^2$$

bezeichnet man als Varianz. Die Standardabweichung oder Streuung ist definiert durch

$$s = \sqrt{\frac{1}{n-1} \sum_{i=1}^{n} (x_i-\bar{x})^2}.$$

Zur rascheren Berechnung von s eignet sich die Formel

$$\Sigma\,(x_i-\bar{x})^2 = \Sigma\,x_i^2 - n(\bar{x})^2.$$

Wenn man eine Einteilung der Daten in k Klassen mit c_j als Klassenmittel und h_j als Häufigkeiten zur Verfügung hat, gilt ungefähr

$$\sum_{i=1}^{n} x_i^2 = \sum_{j=1}^{k} c_j^2 h_j .$$

Bemerkung: Wenn wir mit X wieder die Zufallsvariable bezeichnen, von der die Werte $x_1,\dots,x_n$ erzeugt wurden, dann lässt sich die Varianz dieser Variablen aus allen möglichen Werten durch

$$\sigma^2 = \text{Var } X = E(X-EX)^2 = \int (x-EX)^2 \; f(x)dx$$

berechnen.

Als Variationskoeffizient bezeichnet man das Verhältnis

$$v = s \;/\; \bar{x},$$

das die Relation der Streuung (Variabilität der Daten) zum Mittelwert angibt. ($\bar{x}$ sollte grösser als null sein.)

Lineare Transformationen: Werden die Daten durch

$$y_i = ax_i + b,$$

mit zwei Zahlen a und b, $a \neq 0$, transformiert, so errechnet sich das Mittel von y_i als

$$\bar{y} = \frac{1}{n} \Sigma(ax_i+b) = a\bar{x}+b$$

und die Varianz als

$$s_y^2 = \frac{1}{n-1} \Sigma(y_i-\bar{y})^2 = \frac{a^2}{n-1} \Sigma(x_i-\bar{x})^2 = a^2 s_x^2$$

bzw. die Standardabweichung als

$$s_y = as_x .$$

Man überlege sich das arithmetische Mittel und die Standardabweichung der standardisierten Grössen

$$y_i = \frac{x_i-\bar{x}}{s_x} .$$

Andere Streuungsmasse: Der interquartile Bereich $Q_{.75} - Q_{.25}$ approximiert die Standardabweichung (bei Vorliegen der Normalverteilung) durch

$$\sigma \sim (Q_{.75} - Q_{.25}) / 1.349,$$

der Median der absoluten Abweichungen vom Median (Medmed) durch

$$\sigma \sim \frac{1}{.6745} \operatorname{med}(|x_i - \bar{x}|).$$

Es ist leicht einzusehen, dass diese beiden Streuungsmasse viel stabiler (resistenter) gegenüber Änderungen in den Daten als die übliche (zuerst definierte) Streuung und deshalb für die Praxis sehr empfehlenswert sind.

(d) Höhere Momente

Die Varianz σ^2 wird auch als Moment 2. Ordnung bezeichnet. Das 3. Moment

$$\frac{1}{n} \Sigma (x_i - \bar{x})^3 / s^3$$

heisst auch Schiefe und das 4. Moment

$$\frac{1}{n} \Sigma (x_i - \bar{x})^4 / s^4 - 3$$

Kurtosis (Exzess, Wölbung).

Alle diese Kenngrössen charakterisieren die Verteilung einer "beobachteten Variablen" natürlich nur bis zu einem bestimmten Grad, der bei einer späteren Analyse entsprechend zu beachten ist.

(e) Korrelationen

Betrachten wir n Paare von Messungen (x_i, y_i), i = 1,...,n, (z.B. Cu- und Pb-Gehalt eines Erzes, Porosität und Durchlässigkeit eines Sandsteins) und bezeichnen entsprechende Mittel und Streuungen mit $\bar{x}$, $\bar{y}$, s_x und s_y. Die entsprechenden Zufallsvariablen seien X und Y mit $m_X = EX$, $m_Y = EY$, $\sigma_X^2 = Var(X)$ und $\sigma_Y^2 = Var(Y)$. Abhängigkeiten der beiden Variablen können durch die Kovarianz

$$\sigma_{XY} = Cov(X,Y) = E[(X-m_X)(Y-m_Y)]$$

angegeben werden. Aus den n Messungen wird sie als

$$s_{xy} = \frac{1}{n-1} \sum_{i=1}^{n} (x_i-\bar{x})(y_i-\bar{y})$$

geschätzt. Als relative Grösse ist es aber günstiger, die <u>Korrelation</u>

$$\rho_{XY} = \mathrm{Cor}(X,Y) = \frac{\sigma_{XY}}{\sigma_X \sigma_Y}$$

bzw. den Korrelationskoeffizienten

$$r = r_{xy} = \frac{s_{xy}}{s_x s_y}$$

zu betrachten. Der Wert von r liegt zwischen -1 und +1.

<u>Beispiel 2.2:</u> Betrachten wir die Abhängigkeit des Eisengehaltes Y (in %) kieseliger Hämatiterze von der Dichte X (g/cm^3) und nehmen an, dass folgende Werte gemessen wurden (Quelle: H. Bottke, Bergbauwiss. 10, 1963, 377):

x_i	2.8	2.9	3.0	3.1	3.2	3.2	3.2	3.3	3.4
y_i	27	23	30	28	30	32	34	33	30

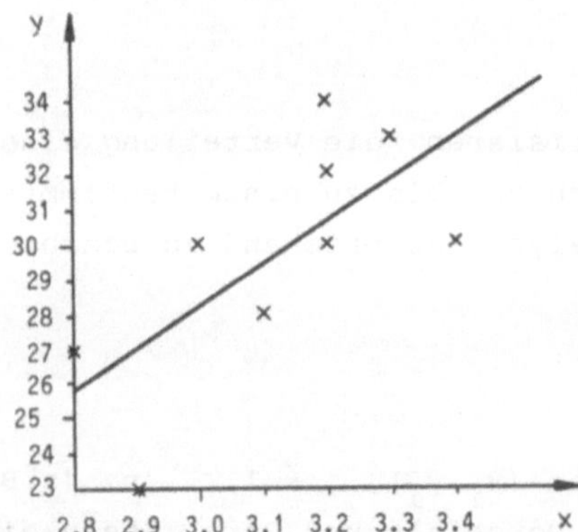

Wir berechnen die Grössen:

$\bar{x} = \frac{1}{n} \Sigma x_i = 3.12$

$\bar{y} = 29.67$

$s_x^2 = \frac{1}{n-1} \Sigma (x_i-\bar{x})^2 = .0369$

$s_y^2 = \frac{1}{n-1} \Sigma (y_i-\bar{y})^2 = 11.25$

$s_{xy} = \frac{1}{n-1} \Sigma (x_i-\bar{x})(y_i-\bar{y}) = .4458$

$r_{xy} = s_{xy}/(s_x s_y) = .69$

<u>Beispiel 2.3:</u> Das Streuungsdiagramm im Outp. 2.3 illustriert den Zusammenhang (die Korrelation) zwischen den beiden Variablen Kupfer und Nickel mit den Daten aus Tab. 2.3. Das verwendete Computerprogramm [9] berechnet neben den üblichen Statistiken wie Mittelwert und Varianz auch Schätzungen von Regressionsgeraden zwischen den beiden Variablen.

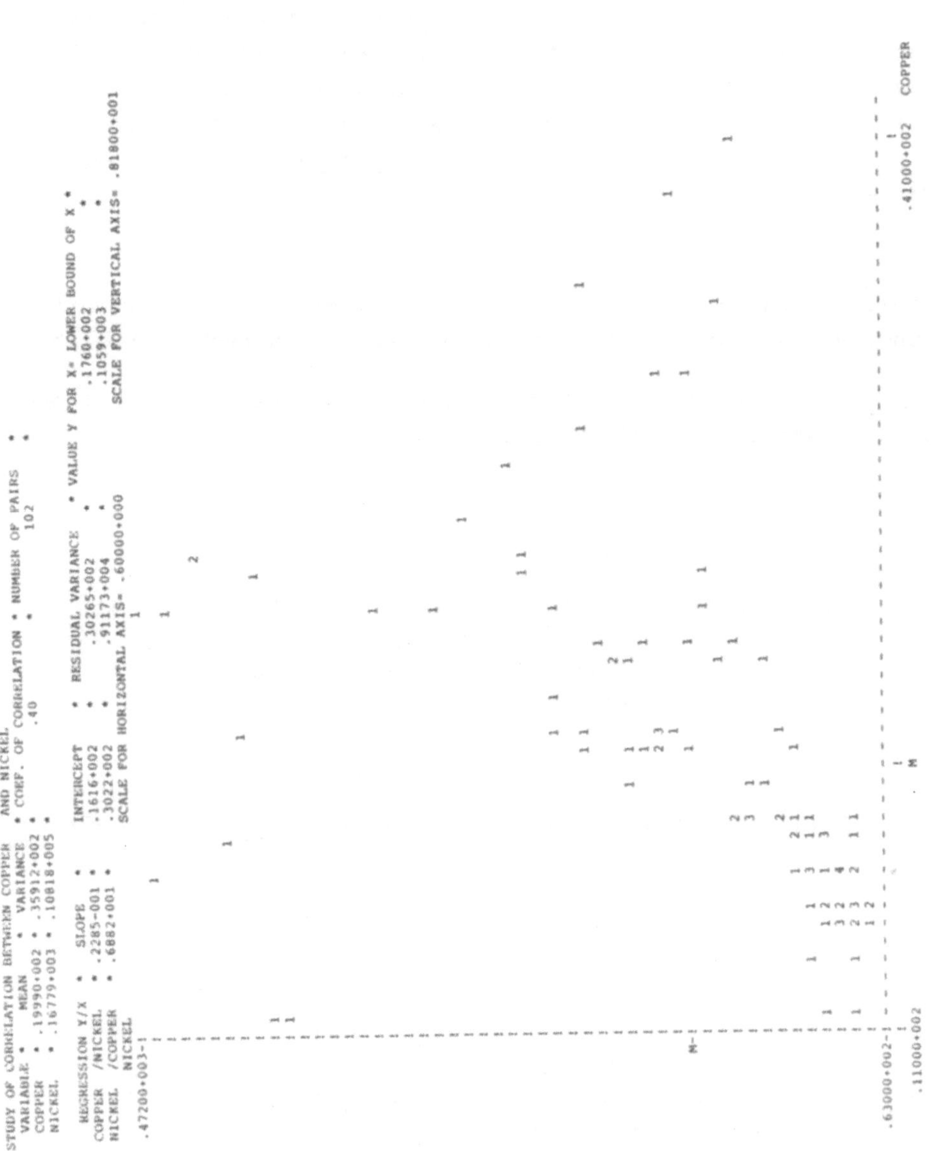

Outp. 2.3. Streuungsdiagramm der Kupfer- und Nickeldaten.

(f) Arithmetisches Mittel von Zufallsvariablen

Sei X eine Zufallsvariable mit $m = EX$ und $\sigma^2 = Var(X) = E(X-m)^2$. Stichprobenwerte $x_1,...,x_n$ werden als n unabhängige Realisationen von X interpretiert. Man kann sie aber auch als Realisation von n unabhängigen Zufallsvariablen $X_1,...,X_n$, die alle die gleiche Verteilung wie X haben, interpretieren. Diese X_i, $i = 1,...,n$, heissen Stichprobenvariablen. Das arithmetische Mittel

$$\overline{X} = \frac{1}{n} \sum_{i=1}^{n} X_i$$

stellt dann eine Zufallsvariable dar, mit eindeutiger Verteilung, von der wir die Erwartung und Varianz ausrechnen wollen.

Dazu brauchen wir 2 Eigenschaften von Linearkombinationen von unabhängigen Zufallsvariablen:

$$E(\Sigma a_i X_i) = \Sigma a_i EX_i,$$
$$Var(\Sigma a_i X_i) = \Sigma a_i^2 Var(X_i).$$

Daraus folgt sofort für das arithmetische Mittel

$$E\overline{X} = E[\sum_{i=1}^{n} (\frac{1}{n} X_i)] = \Sigma \frac{1}{n} EX_i = \frac{1}{n} \Sigma m = m$$

und

$$\sigma_{\overline{X}}^2 = Var(\overline{X}) = Var[\Sigma (\frac{1}{n} X_i)] = \Sigma \frac{1}{n^2} Var(X_i) = \frac{1}{n^2} \Sigma \sigma^2 = \sigma^2/n.$$

Die entsprechende Streuung ist daher

$$\sigma_{\overline{X}} = \sigma / \sqrt{n},$$

woraus wir zusammenfassen:

Das arithmetische Mittel besitzt die gleiche Erwartung wie die Zufallsvariable X_i und eine Standardabweichung, die um den Faktor $\sqrt{n}$ kleiner ist als die von X_i.

Daraus kann zum Beispiel bei Annahme einer ungefähren Normalverteilung der Daten sofort das wichtige Konfidenzintervall für den theoretischen Mittelwert m der Verteilung angegeben werden (Hartung et al. 1984, [5]): Mit ca. 95% Wahrscheinlichkeit überdeckt das Intervall

$$\bar{x} \pm 2\, s/\sqrt{n}$$

den Wert m, wobei $\bar{x}$ bzw. s wieder die geschätzten (Stichproben) Werte von m bzw. σ bezeichnen.

(g) Illustrationen und Beispiele

In diesem Unterabschnitt listen wir einige numerische Beispiele grösstenteils aus der vorhandenen Literatur auf, um Verwendungen der bisher eingeführten Begriffe kurz zu illustrieren. Die numerischen Tabellen sollen Rechenübungen anregen.

(i) (David, 1977, [5], S. 35): 10 Werte von Eisenerzproben in % seien gegeben:

1	55.8	6	54.7
2	54.8	7	55.3
3	56.5	8	56.3
4	56.0	9	55.9
5	57.5	10	56.3

Gesucht sind $\bar{x}$, s und ein ungefähres 95% Konfidenzintervall für das Mittel m.

Lösung: $\bar{x}$ = 55.9% Fe, s = .835% Fe, Konfidenzintervall = [55.4, 56.4] mit Sicherheit 0.95.

(ii) (Koch und Link, 1970-71, [8], S. 30): Häufigkeitsverteilung von 224 Phosphat-Analysen in %.

Intervall [$\%P_2O_5$]	Intervall-mitte c_j	Häufig-keit h_j	rel. Häuf. f_j[%]	kum. Häuf.	rel.kum. Häuf. [%]	h_jc_j	$h_jc_j^2$
14-16	15	1	0.45	1	0.45	15	225
16-18	17	1	0.45	2	0.90	17	289
18-20	19	8	3.57	10	4.47	152	2,888
20-22	21	21	9.37	31	13.84	441	9,261
22-24	23	44	19.64	75	33.48	1,012	23,276
24-26	25	54	24.12	129	57.60	1,350	33,750
26-28	27	56	25.00	185	82.60	1,512	40,824
28-30	29	30	13.39	215	95.99	870	25,230
30-32	31	7	3.12	222	99.11	217	6,727
32-34	33	2	0.89	224	100.00	66	2,178

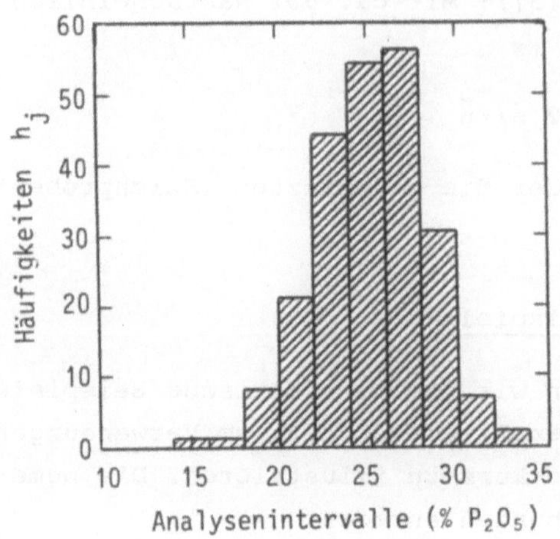

Rechnungen:

$m \doteq \bar{x} = \Sigma\, h_j c_j$

$\Sigma\, h_j c_j = 5652$

$\Sigma\, h_j = 224$

$\bar{x} = 25.23$

$$s^2 = \frac{SS}{\Sigma h_j - 1} = \frac{\Sigma hc^2 - (\Sigma hc)^2/\Sigma h}{\Sigma h - 1}$$

$\Sigma hc^2 = 144.648$

$(\Sigma hc)^2 = 31.945.104$

$(\Sigma hc)^2/n = 142.612$

$SS = 2.036$

$s^2 = 9.13$

$s = 3.02$

$v = 0.119$

(iii) (David, 1977, [3]):

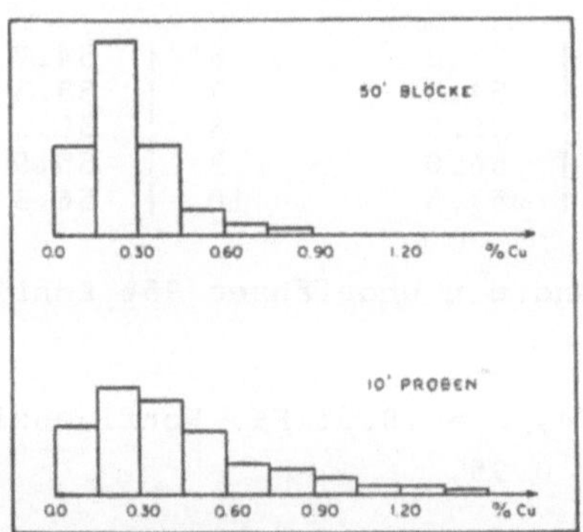

Histogramme von Güten von 10'-Proben verglichen mit 50'-Blöcken in einer Porphyr-Kupfer-Lagerstätte.

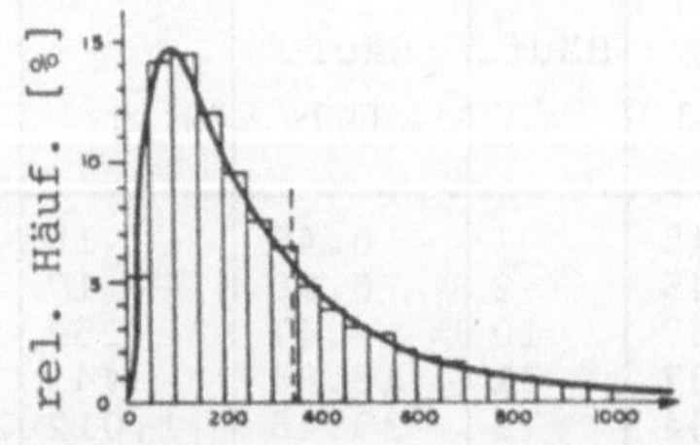

Histogramm von 28.334 Gold-Proben (inch.dwt) im Bergwerk A von Witwatersrand.

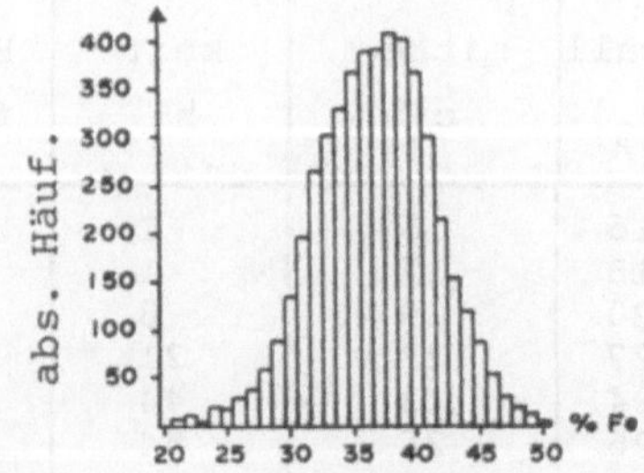

Histogramm der Magnetit-Güte von 4838 10'-Proben.

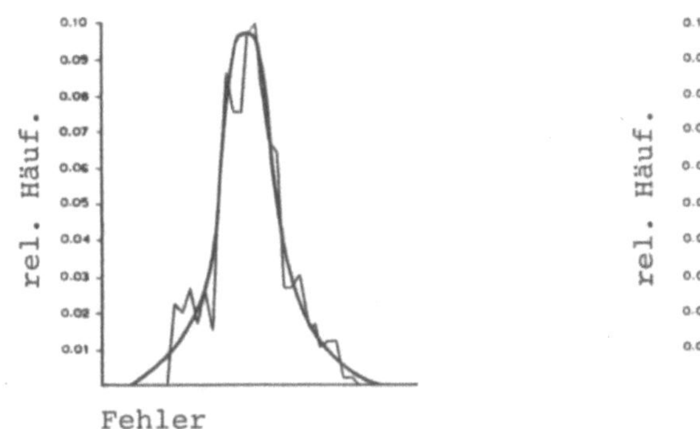

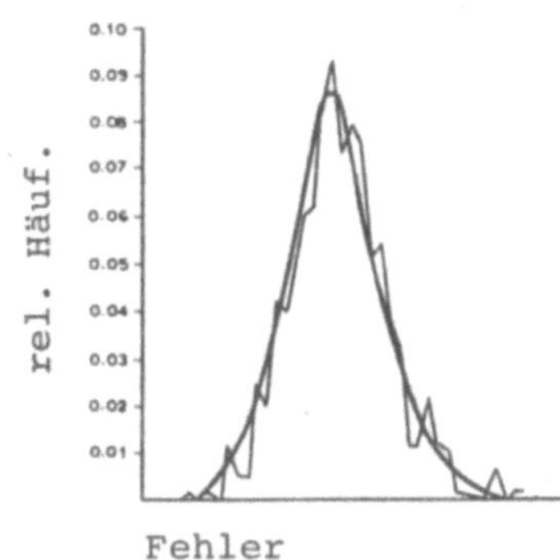

Histogramme von Fehlern in zwei verschiedenen Vorhersagemodellen von Werten für Abbaublöcke.

(iv) (Koch und Link, 1970, [8]):

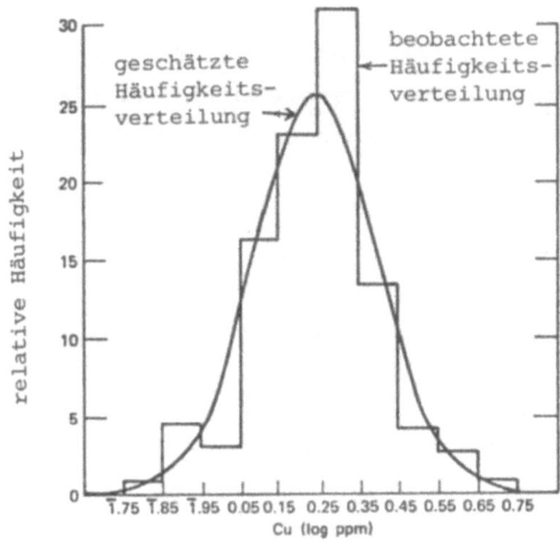

Histogramm von 216 Beobachtungen von frei löslichem Kupfer in einem Hintergrund-Bachsediment in Zambia.

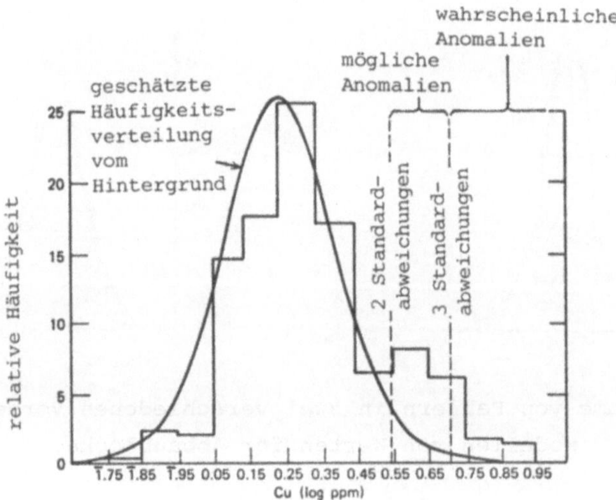

Histogramm von 825 Beobachtungen von frei löslichem Kupfer, "Hintergrund" und "abweichendes Gebiet" (Anomalien).

Tab.: Schätzungen des Metall-Gehaltes des Don Thomás-Ganges basierend auf kumulativen Analysen von 18 nebeneinander liegenden Bohrkernen.

	Punktschätzungen des Metallgehaltes				
Loch Nr.	Gold [ppm]	Silber [ppm]	Blei [%]	Kupfer [%]	Zink [%]
1	0.15	17	1.8	0.09	1.4
2	0.20	66	2.9	0.08	7.3
3	0.53	172	4.2	0.09	6.8
4	0.40	172	4.4	0.13	6.4
5	0.32	316	6.2	0.24	6.1
6	0.27	277	5.4	0.22	5.3
7	0.41	272	6.2	0.25	5.4
8	0.37	242	5.7	0.24	5.3
9	0.33	294	6.1	0.26	5.7
10	0.30	265	5.5	0.24	5.1
11	0.27	249	5.6	0.23	5.8
12	0.34	249	5.4	0.26	6.1
13	0.31	250	5.8	0.26	7.6
14	0.29	253	7.7	0.33	9.6
15	0.27	239	7.3	0.33	9.3
16	0.28	241	7.0	0.32	8.9
17	0.27	236	6.7	0.35	9.0
18	0.27	278	6.6	0.36	8.6

90%-Konfidenzintervalle

Gold [ppm]		Silber [ppm]		Blei [%]		Kupfer [%]		Zink [%]	
unt.	ob.	unt.	ob.	unt.	ob.	unt.	ob.	unt.	ob.
0	0.48	0	377	0	10.2	0.02	0.14	0	44.4
0	1.51	0	492	0	8.4	0.05	0.13	0	16.9
0	1.04	0	355	2.0	6.9	0.04	0.22	0.5	12.2
0	0.80	0	649	2.0	10.4	0	0.50	2.0	10.2
0	0.65	8	546	1.7	9.1	0.02	0.42	1.7	8.9
0	0.84	52	491	2.8	9.5	0.07	0.42	2.4	8.3
0	0.74	49	436	2.7	8.7	0.10	0.39	2.8	7.8
0	0.66	101	487	3.4	8.8	0.13	0.39	3.4	7.9
0	0.59	87	443	2.9	8.1	0.12	0.36	2.9	7.4
0	0.54	87	411	3.2	7.9	0.13	0.34	3.5	8.1
0.06	0.61	103	396	3.3	7.5	0.15	0.37	3.9	8.3
0.06	0.56	116	384	3.7	7.9	0.16	0.36	4.3	10.9
0.05	0.52	130	377	3.9	11.6	0.18	0.48	4.9	14.3
0.05	0.49	123	356	3.7	11.0	0.19	0.47	4.9	13.7
0.08	0.49	132	349	3.6	10.5	0.18	0.45	4.7	13.1
0.07	0.46	134	338	3.4	10.0	0.21	0.49	5.1	12.9
0.09	0.46	158	398	3.5	9.7	0.23	0.49	4.9	12.3

(v) 102 Bodenproben auf gerader Linie in 50 m Abstand: Anteile in [ppm].

Tab. 2.3. Analysen von Bodenproben in ppm.

Probennr.	Cu	Co	Ni	Cr	Probennr.	Cu	Co	Ni	Cr
1	28	30	285	281	25	17	15	103	86
2	25	35	336	259	26	13	17	98	85
3	27	47	436	252	27	18	17	102	95
4	25	41	448	237	28	15	12	100	77
5	21	37	408	170	29	16	15	96	82
6	25	46	472	208	30	16	15	87	80
7	11	27	385	84	31	18	17	129	99
8	16	32	463	89	32	18	19	133	98
9	11	27	398	84	33	19	18	131	99
10	17	35	415	217	34	19	18	127	95
11	27	44	432	292	35	18	15	117	101
12	26	40	406	297	36	17	15	110	77
13	25	30	307	230	37	18	15	105	68
14	26	27	254	202	38	14	14	91	53
15	21	22	180	151	39	16	14	87	55
16	20	21	163	142	40	15	14	75	49
17	21	23	171	138	41	15	14	82	94
18	18	19	140	145	42	14	13	81	45
19	18	18	130	128	43	15	14	73	45
20	18	21	119	142	44	14	10	71	36
21	17	17	108	117	45	17	17	88	37
22	16	17	97	117	46	17	12	90	46
23	16	17	97	89	47	16	14	80	44
24	16	16	93	74	48	15	13	80	38

Probennr.	Cu	Co	Ni	Cr	Probennr.	Cu	Co	Ni	Cr
49	13	11	74	40	76	20	18	200	142
50	15	12	63	33	77	20	16	185	122
51	15	13	76	35	78	23	18	195	128
52	17	15	90	40	79	18	13	140	105
53	14	11	79	32	80	20	12	108	99
54	15	13	71	33	81	23	16	123	103
55	16	11	83	37	82	23	16	147	104
56	16	13	73	33	83	24	15	137	90
57	14	13	79	40	84	21	14	116	81
58	14	15	85	33	85	26	16	158	89
59	11	13	93	35	86	33	18	178	94
60	15	15	94	55	87	39	18	176	78
61	17	10	78	47	88	36	23	220	77
62	18	10	75	36	89	31	20	225	66
63	16	17	105	40	90	30	21	262	66
64	14	13	82	43	91	25	19	237	89
65	11	11	79	39	92	19	14	199	65
66	16	11	75	45	93	21	14	183	46
67	15	11	88	39	94	23	19	206	56
68	20	17	181	209	95	23	19	204	43
69	21	18	180	213	96	24	22	215	50
70	20	20	225	196	97	24	17	190	47
71	21	18	236	204	98	24	17	163	51
72	20	15	186	170	99	25	18	154	66
73	21	21	219	139	100	33	20	167	83
74	22	19	235	150	101	41	16	144	61
75	27	25	253	159	102	35	14	147	62

2.3 Einige theoretische Verteilungen

In diesem Abschnitt behandeln wir kurz die wichtigsten zwei stetigen Verteilungen, die in der Geostatistik Anwendung finden.

(a) Die Normalverteilung $N(\mu, \sigma^2)$

Viele quantitative Grössen konzentrieren sich um einen bestimmten Wert und grössere Abweichungen sind eher selten. Diese Konzentration (besser Dichte) könnte man sich, wie das nächste Bild Fig. 2.6 zeigt, durch eine "Glockenkurve" vorstellen. Traditionsgemäss dient die Normalverteilung als Approximation eines solchen Verhaltens. Unter bestimmten Voraussetzungen kann man auch theoretisch zeigen, dass die Verteilung einer Summe von vielen kleinen, unabhängigen Fehlern gegen die Normalverteilung strebt.

Die Dichte hängt von 2 Parametern (μ, σ^2) ab und ist definiert durch

$$f(x) = \frac{1}{\sqrt{2\pi}\,\sigma} e^{-\frac{(x-\mu)^2}{2\sigma^2}}, \quad \sigma > 0,$$

wobei gilt

$$EX = \int_{-\infty}^{\infty} x f(x)\,dx = \mu \ , \ \mathrm{Var}(X) = \sigma^2.$$

Der Ortsparameter μ entspricht also der Erwartung (Mittel) und der Skalierungsparameter σ der Streuung oder Standardabweichung (siehe Fig. 2.6).

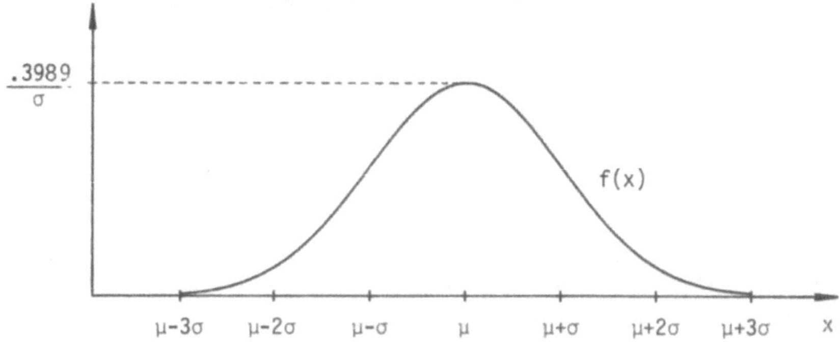

Fig. 2.6. Dichte der Normalverteilung mit Mittel μ und Standardabweichung σ .

Die Verteilungsfunktion

$$F(x) = \int_{-\infty}^{x} f(t)\,dt$$

und auch ihre Inverse (Quantile) sind schwierig zu berechnen. Betrachten wir die standardisierte Variable

$$Y = \frac{X-\mu}{\sigma}$$

mit der Dichte g und Verteilungsfunktion G, so gilt

$$E\,Y = 0 \quad \text{und} \quad \mathrm{Var}(Y) = 1, \text{ sowie}$$

$$g(y) = \frac{1}{\sqrt{2\pi}} e^{-y^2/2}.$$

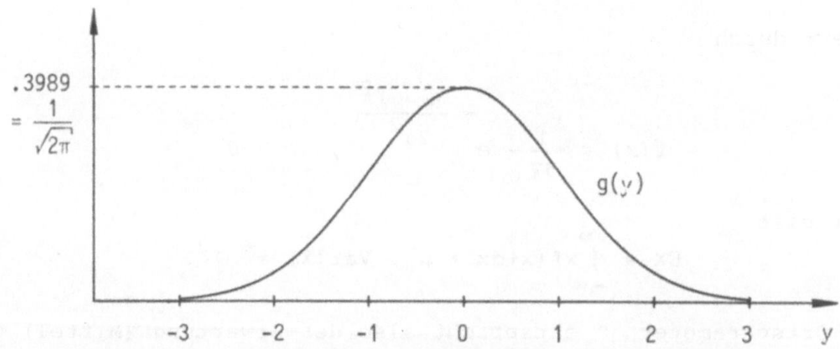

Fig. 2.7. Dichte der Standardnormalverteilung.

Diese Verteilung nennt man Standard-Normalverteilung N(0,1), und G bzw. die Inverse findet man in vielen Büchern tabelliert. Zur Umrechnung braucht man

$$F(x) = G(\frac{x-\mu}{\sigma}).$$

Das Modell der Normalverteilung wird in der Praxis verwendet, wenn z.B. die beprobte Mineralisierung hohe Gehalte, wie etwa bei Eisenerzen, aufweist, oder wenn die Variabilität der Messwerte gering ist, wie bei Mächtigkeiten von schichtförmigen Lagerstätten oder der Dichte von Erzen.

Beispiel 2.3: Betrachten wir die Daten aus Beispiel 2.1 und das Modell der Normalverteilung. Wie gross sind vermutlich die kürzesten Bereiche (Toleranzintervalle), die ca. 70%, 90%, 95% oder 99% der Werte umfassen?

Aus der Tabelle der Wahrscheinlichkeitsverteilungen (siehe Anhang) finden wir

$$Q_{.85} = 1.04$$
$$Q_{.95} = 1.64$$
$$Q_{.975} = 1.96$$
$$Q_{.995} = 2.58.$$

Bei einer standard-normalverteilten Zufallsvariablen Y würden wir daraus die Bereiche [-1.04, 1.04], [-1.64, 1.64], etc., erhalten. Aus den Daten (gruppiert aus der Stamm-und-Blatt-Darstellung) schätzen wir aber einen Mittelwert von $\bar{x} = 23.5$ (als Approximation von μ) und eine Streuung von $s = 1.86$.

Deshalb werden die transformierten Bereiche von

$$X = Y\sigma + \mu$$

folgendermassen berechnet:

70% : $[-1.04*s+\bar{x},\ 1.04*s+\bar{x}] =$
$[-1.04*1.86+23.5,\ 1.04*1.86+23.5] = [21.6,\ 25.4]$
90% : $[-1.64*1.86+23.5,\ 1.64*1.86+23.5] = [20.4,\ 26.6]$
95% : $[-1.96*1.86+23.5,\ 1.96*1.86+23.5] = [19.9,\ 27.1]$
99% : $[-2.58*1.86+23.5,\ 2.58*1.86+23.5] = [18.7,\ 28.3]$.

(b) Die Log-Normalverteilung

Die Praxis zeigt, dass Werte vieler Gesteinsproben nicht der Normalverteilung folgen, sondern dass eher der Logarithmus der Werte normalverteilt ist. Dies tritt besonders in Lagerstätten mit niedrigen Gehalten oder bei geochemischen Daten auf. Die Verteilung ist rechtsschief und ein typisches Histogramm von Proben aus einem Goldbergwerk wird in der nächsten Zeichnung, Fig. 2.8, dargestellt.

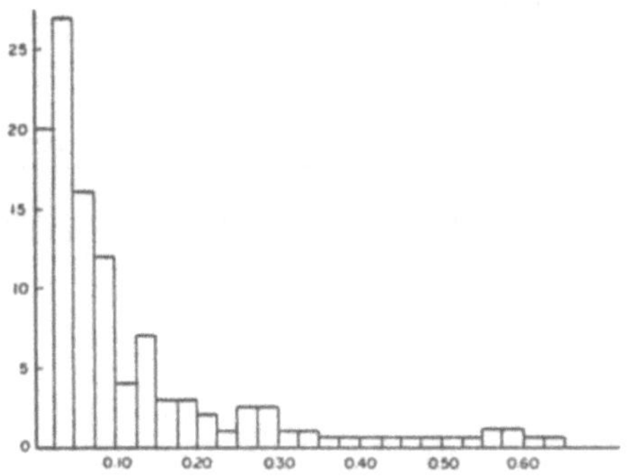

Fig. 2.8. Histogramm von Proben in einem Goldbergwerk.

Die Dichtefunktion f ist gegeben durch

$$f(x) = \frac{1}{\sqrt{2\pi}\ \beta\ x}\ e^{-\frac{(\ln x-\mu)^2}{2\ \beta^2}}, \quad x > 0$$

Die transformierte Variable Y = ln X besitzt die Normalverteilung $N(\mu, \beta^2)$. Nach der Transformation $y_i = \ln x_i$ der Daten können wie bei der Normalverteilung die Parameter μ und β geschätzt werden, nämlich als

$$\hat{\mu} = \bar{y} = \frac{1}{n} \Sigma y_i, \quad \hat{\beta} = \frac{1}{n-1} \Sigma (y_i - \hat{\mu})^2.$$

Betrachtet man die Originaldaten, so kann $\hat{\mu}$ auch über das <u>geometrische</u> Mittel gefunden werden:

$$e^{\hat{\mu}} = \left(\prod_{i=1}^{n} e^{y_i}\right)^{1/n} = \left(\prod_{i=1}^{n} x_i\right)^{1/n}$$

oder

$$\hat{\mu} = \frac{1}{n} \ln\left(\prod_{i=1}^{n} x_i\right).$$

Ein äquivalenter Schätzer von e^{μ} ist auch der Median der untransformierten Daten.

<u>Beispiel 2.4</u>: In den folgenden beiden Tabellen (Koch und Link, 1970, [8]) sind Häufigkeiten von goldhältigen Proben angegeben. Man überlege sich die Schwierigkeiten bei der Berechnung von μ .

Häufigkeitsverteilung von 1536 Goldwerten (in dwt) von der City Deep Mine, Südafrika.

Intervall [dwt/short ton]	Häufig.	Kumulative Häufig.	Rel. kumulative Häufig. [%]
0-5	910	910	59.24
5-10	208	1118	72.79
10-15	118	1236	80.47
15-20	80	1316	85.68
20-25	54	1370	89.19
25-30	33	1403	91.34
30-35	24	1427	92.90
35-40	13	1440	93.75
40-45	14	1454	94.66
45-50	8	1462	95.18
50-55	8	1470	95.71
55-60	10	1480	96.36
60-65	4	1484	96.62
65-70	4	1488	96.88
70-75	3	1491	97.07
75-80	1	1492	97.14
80-85	1	1493	97.20
85-90	4	1497	97.46
90-95	1	1498	97.53
95-100	7	1505	97.99

Intervall [dwt/short ton]	Häufig.	Kumulative Häufig.	Rel. kumulative Häufig. [%]
100-105	3	1508	98.18
105-110	2	1510	98.31
110-115	3	1513	98.51

120-125	2	1515	98.63
125-130	1	1516	98.70
130-135	5	1521	99.03
145-150	1	1522	99.09
150-155	1	1523	99.16
155-160	3	1526	99.35
180-185	1	1527	99.42
190-195	2	1529	99.56
205-210	2	1531	99.68
215-220	1	1532	99.72
245-250	1	1533	99.81
305-310	1	1534	99.87
420-425	1	1535	99.93
620-625	1	1536	100.00

Häufigkeitsverteilungen von Mittel von Proben verschiedener Grösse. Die Proben wurden zufällig aus einer Menge von 900 Goldanalysen der Homestake Mine gewählt.

Intervall	Probengrösse			
[ppm Au]	1	5	25	100
0-1	439	175	0	0
1-2	120	121	3	0
2-3	67	105	36	1
3-4	44	88	82	5
4-5	35	69	124	38
5-6	26	66	131	149
6-7	23	57	146	222
7-8	14	40	114	201
8-9	23	45	83	198
9-10	14	35	73	98
10-11	16	31	56	49
11-12	13	16	38	22
12-13	13	12	25	10
13-14	13	23	34	5
14-15	9	15	15	2
15-16	10	19	15	
16-17	8	11	7	
17-18	7	5	5	
18-19	9	4	7	
19-20	1	1	1	
20-21	6	5	0	
21-22	7	7	4	
22-23	1	5	2	
23-24	6	7	0	
24-25	1	1	0	
25-26	3	4	0	

Intervall [ppm Au]	Probengrösse 1	5	25	100
26-27	3	5	0	
27-28	4	1	0	
28-29	2	3	0	
29-30	6	6	1	
30-31	2	4		
31-32	6	1		
32-33	7	0		
33-34	1	1		
34-35	0	1		
35-49	14	7		
50-99	21	3		
100-	8			

3. Regionalisierte Variable

Eine Variable $z(\underset{\sim}{x})$, die Werte in Abhängigkeit vom Ort $\underset{\sim}{x}$ in einem bestimmten Bereich (Region) angibt, bezeichnet man als regionalisierte Variable. Wir interpretieren diese als Realisation einer Zufallsfunktion $Z = Z(\underset{\sim}{x})$, von der wir einige Eigenschaften in diesem Kapitel diskutieren. Z an einem bestimmten fixen Ort $\underset{\sim}{x}$ bedeutet dabei eine übliche Zufallsvariable, wie wir sie früher kurz besprochen haben.

3.1 Momente, Variogramme

Eine Zufallsfunktion Z wird durch die Verteilung der einzelnen Zufallsvariablen $Z(\underset{\sim}{x})$ an jeder Stelle $\underset{\sim}{x}$ und die gegenseitigen Abhängigkeiten charakterisiert. Die dabei definierte Wahrscheinlichkeitsverteilung heisst auch räumliches Verteilungsgesetz. In den Erdwissenschaften wird aber nie das gesamte Gesetz benötigt, sondern es genügt normalerweise das 1. und 2. Moment, um akzeptable, approximative Lösungen zu finden. Häufig werden zur Beschreibung der Verteilung auch nur diese zwei verwendet, sodass sich zwei Zufallsvariablen $Z(\underset{\sim}{x}_1)$ und $Z(\underset{\sim}{x}_2)$ in der Struktur nicht unterscheiden, wenn die ersten beiden Momente gleich sind.

Die Erwartung (oder 1. Moment) schreiben wir, sofern sie existiert, jetzt als ortsabhängig, nämlich

$$m(\underset{\sim}{x}) = E[Z(\underset{\sim}{x})],$$

also als durchschnittlichen Wert aller möglichen Realisationen von Z an der Stelle $\underset{\sim}{x}$. Die Varianz von $Z(\underset{\sim}{x})$ ist definiert als

$$\sigma^2(\underset{\sim}{x}) = \mathrm{Var}(Z(\underset{\sim}{x})) = E[(Z(\underset{\sim}{x})-m(\underset{\sim}{x}))^2],$$

die Existenz der Erwartung ebenfalls vorausgesetzt. Betrachten wir nur zwei Punkte im Raum $\underset{\sim}{x}$ und $\underset{\sim}{x}_2 = \underset{\sim}{x}+\underset{\sim}{h}$ mit Abstand $\underset{\sim}{h}$. Dann wird die Kovarianz, die wir jetzt auch mit C bezeichnen, zwischen den Zufallsvariablen an den beiden Orten $\underset{\sim}{x}$ und $\underset{\sim}{x}+\underset{\sim}{h}$ definiert durch

$$C(\underset{\sim}{x},\underset{\sim}{x}+\underset{\sim}{h}) = \sigma_{Z(\underset{\sim}{x}),Z(\underset{\sim}{x}+\underset{\sim}{h})} = E[(Z(\underset{\sim}{x})-m(\underset{\sim}{x}))(Z(\underset{\sim}{x}+\underset{\sim}{h})-m(\underset{\sim}{x}+\underset{\sim}{h}))].$$

Ein anderes Mass für die Abhängigkeit zwischen $Z(\underset{\sim}{x})$ und $Z(\underset{\sim}{x}+\underset{\sim}{h})$ stellt das <u>Variogramm</u> (oder die <u>Variogramm-Funktion</u>) dar, das durch

$$2\,\gamma(\underset{\sim}{x},\underset{\sim}{x}+\underset{\sim}{h}) = \mathrm{Var}[Z(\underset{\sim}{x}) - Z(\underset{\sim}{x}+\underset{\sim}{h})],$$

der Variabilität der <u>Zuwächse</u>, definiert ist. Es sei vermerkt, dass bei Unabhängigkeit und Gleichheit der Varianzen von $Z(\underset{\sim}{x})$ und $Z(\underset{\sim}{x}+\underset{\sim}{h})$ gilt

$$2\,\gamma(\underset{\sim}{x},\underset{\sim}{x}+\underset{\sim}{h}) = 2\,\mathrm{Var}(Z(\underset{\sim}{x})),$$

womit die Konstante 2 in der Definition motiviert sein soll. Der Ausdruck $\gamma(\underset{\sim}{x},\underset{\sim}{x}+\underset{\sim}{h})$ wird auch <u>Semi-Variogramm</u> genannt.

3.2 Stochastische Annahmen

Leider steht von jeder Zufallsvariablen $Z(\underset{\sim}{x})$ höchstens eine Realisierung $z(\underset{\sim}{x})$ zur Verfügung, womit man schlecht weitreichende Schlussfolgerungen auf die Struktur der Variablen machen kann. Daher müssen bezüglich der Wahrscheinlichkeitsstruktur gewisse Annahmen getroffen werden. Die einschneidendste Annahme wäre die der <u>strengen Stationarität</u>, was "Invarianz des räumlichen Verteilungsgesetzes gegenüber Translation" heisst, oder "jede Gruppe von k ausgewählten Zufallsvariablen $\{Z(\underset{\sim}{x}_1), Z(\underset{\sim}{x}_2), \ldots, Z(\underset{\sim}{x}_k)\}$ weist die gleiche Verteilung wie $\{Z(\underset{\sim}{x}_1+\underset{\sim}{h}), Z(\underset{\sim}{x}_2+\underset{\sim}{h}), \ldots, Z(\underset{\sim}{x}_k+\underset{\sim}{h})\}$ für beliebige Werte von $\underset{\sim}{h}$ und k = 1,2,... auf". In der Geostatistik arbeitet man jedoch meist nur mit den ersten zwei Momenten, sodass man sich auf eine Definition von Stationarität im weiteren Sinne beschränken kann.

Man spricht von <u>Stationarität 2. Ordnung</u>, wenn

(i) die Erwartung $E(Z(\underset{\sim}{x}))$ existiert und nicht vom Ort $\underset{\sim}{x}$ abhängt, d.h.

$$E(Z(\underset{\sim}{x})) = m \text{ für alle } \underset{\sim}{x},$$

(ii) für jedes Paar von Zufallsvariablen $(Z(\underset{\sim}{x}),Z(\underset{\sim}{x}+\underset{\sim}{h}))$ die Kovarianz existiert und nur vom Abstand $\underset{\sim}{h}$ abhängt, d.h.

$$C(\underset{\sim}{h}) = E(Z(\underset{\sim}{x}+\underset{\sim}{h}).Z(\underset{\sim}{x}))-m^2 \text{ für alle } \underset{\sim}{x}.$$

Die Stationarität der Kovarianz impliziert die Stationarität der Varianz und des Variogramms. Es gilt nämlich

$$\mathrm{Var}(Z(\underline{x})) = E(Z(\underline{x})-m)^2 = C(\underline{0}) \text{ für alle } \underline{x}, \text{ und}$$

$$\gamma(\underline{h}) = \gamma(\underline{x},\underline{x}+\underline{h}) = \frac{1}{2}E[Z(\underline{x}+\underline{h})-Z(\underline{x})]^2 =$$

$$= \frac{1}{2}E[Z(\underline{x}+\underline{h})-m]^2 + \frac{1}{2}E[Z(\underline{x})-m]^2 - E[Z(\underline{x}+\underline{h})-m][Z(\underline{x})-m] =$$

$$= C(\underline{0})-C(\underline{h}).$$

Die letzte Gleichung zeigt auch an, dass unter der Hypothese der Stationarität 2. Ordnung die Kovarianz und das Variogramm zwei gleichwertige Hilfsmittel bei der Betrachtung des Zusammenhanges (der Autokorrelation) der beiden Variablen $Z(\underline{x}+\underline{h})$ und $Z(\underline{x})$ darstellen. Als dimensionslose Hilfsgrösse bietet sich auch die Korrelation, oder besser, die Korrelationsfunktion, das Korrelogramm, an, nämlich

$$\gamma(\underline{h}) = \frac{C(\underline{h})}{C(\underline{0})} = 1 - \frac{\gamma(\underline{h})}{C(\underline{0})}.$$

Die Forderung der Existenz der Momente 2. Ordnung ist strenger als die der Existenz des Variogramms. Nachdem aber meist nur mit dem Variogramm gearbeitet wird, kann man sich in diesem Fall mit der wesentlichen (intrinsischen) Hypothese begnügen, die lautet:

(i) die Erwartung $E(Z(\underline{x}))$ existiert für alle $\underline{x}$ und hängt nicht von den Trägern $\underline{x}$ ab;

(ii) für alle $\underline{h}$ und $\underline{x}$ besitzt das Inkrement $(Z(\underline{x}+\underline{h})-Z(\underline{x}))$ eine endliche Varianz, die nicht von $\underline{x}$ abhängt, d.h.

$$\mathrm{Var}[Z(\underline{x}+\underline{h})-Z(\underline{x})] = E[Z(\underline{x}+\underline{h})-Z(\underline{x})]^2 = 2\,\gamma(\underline{h}).$$

Die Stationarität 2. Ordnung impliziert also diese, wie man auch sagt, Hypothese der stationären Zuwächse. Die Umkehrung muss natürlich nicht gelten. In der Praxis muss man häufig noch die Grössenordnung von $\underline{h}$ beschränken, und die wesentliche Hypothese kann nur für $|\underline{h}| < b$ für ein gewisses $b > 0$ angenommen werden. In diesem Fall spricht man von Quasi-Stationarität.

Beispiel 3.1: Ein Kupferlager wurde durch eine Reihe von vertikalen Bohrlöchern erforscht. Der Kupfergehalt verringert sich systematisch mit grösser werdender Tiefe, was einen gewissen Trend (Nicht-Stationarität) in der vertikalen Richtung anzeigt. Das geschätzte (berechnete) (Semi-)Variogramm in vertikaler Richtung $\underline{h}$ über alle Bohrlöcher wird in der Skizze dargestellt.

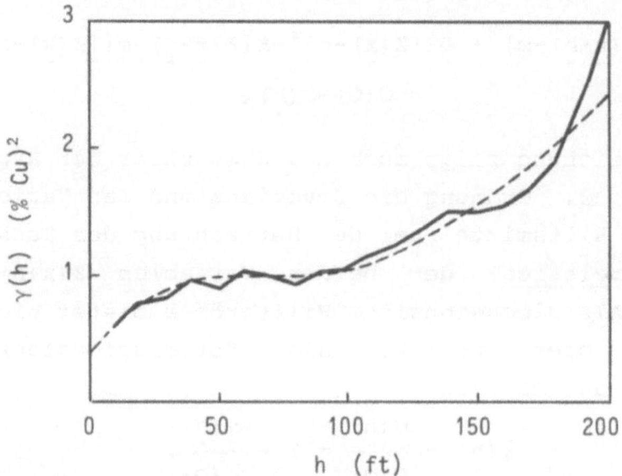

Die Eigenschaften dieses experimentellen Variogramms lassen sich folgendermassen zusammenfassen (spezielle Ausdrücke werden später noch erklärt):

(i) Ein Klumpeneffekt (Nugget-Effekt) von ca. .4 $(\%Cu)^2$.

(ii) Eine Übergangserscheinung zwischen 0 und ca. 100 Fuss mit einem Schwellenwert von 1 und einem Einflussbereich von ca. 50 Fuss.

(iii) Nach etwa 100 Fuss steigt das Variogramm plötzlich wieder an, was den erwähnten Trend anzeigt.

Zusammenfassend können wir feststellen, dass in diesem Beispiel in einem vertikalen Bereich von 100 Fuss die intrinsische Hypothese für die Mineralisierung akzeptiert werden kann. Das Semi-Variogramm weist einen endlichen (Einfluss-) Bereich von 50 Fuss auf. In diesem Bereich lässt sich auch eine theoretische Kurve, das sogenannte "Sphärische Modell", anpassen, die sich durch

$$\gamma(h) = C_o + C(1.5h/a - .5h^3/a^3)$$

mit

$$C_o = .4,\ C = .6[\%Cu]^2,\ a = 50\ ft,$$

beschreiben lässt.

3.3 Berechnung eines einfachen Variogramms

Wir nehmen hier den einfachsten Fall, dass Werte einer regionalisierten Variablen nur in einer Richtung des Raumes zur Verfügung stünden, und berechnen das empirische Variogramm zur Veranschaulichung aus einigen wenigen Werten. Bezeichnen wir die Orte in Abständen d mit x_i und die entsprechenden Werte mit $z(x_i)$.

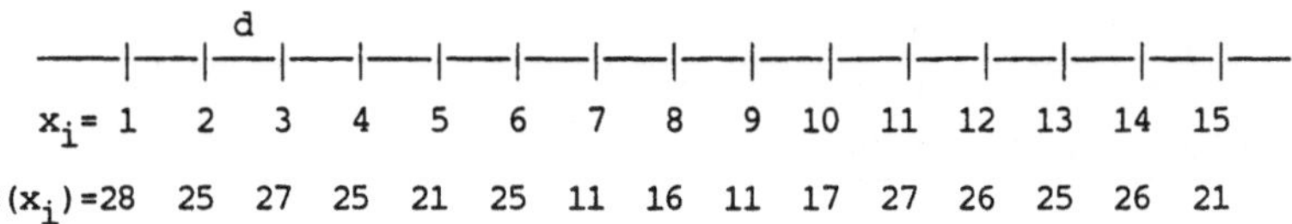

(Die Daten stammen aus den Cu-Gehalten der Bodenproben in der Illustration (v) des Abschnittes 2.2(g) (Tab. 2.3), die ersten 15 Werte.) Die Berechnung des Variogramms erfolgt durch Mittelung über alle möglichen n(h) Wertepaare, nämlich

$$2\hat{\gamma}(h) = \frac{1}{n(h)} \sum_{i=1}^{n(h)} (z(x_i) - z(x_i+h))^2$$

mit h = 1.d, 2.d, 3.d, ... Ein "manuelles" Berechnungsschema könnte wie in Tab. 3.1 aussehen.

Für jedes gewählte h wird eine Zeile mit den Differenzwerten und darunter die entsprechenden Quadrate angeschrieben. Die Summen, die Anzahl von verwendeten Paaren n(h) und die errechneten Werte $2\gamma(h)$ stehen am rechten Rand. Daraus ergibt sich das berechnete Semi-Variogramm Fig. 3.1.

Tab. 3.1. Berechnung eines einfachen Variogramms.

	x_1	x_2	...															
$z(x_i)$	28	25	27	25	21	25	11	16	11	17	27	26	25	26	21	Σ	n(h)	$2\hat{\gamma}(h)$
h=50	3	-2	2	4	-4	14	-5	5	-6	-10	1	1	-1	5				
	9	4	4	16	16	196	25	25	36	100	1	1	1	25		459	14	32.8
100	1	0	6	0	10	9	0	-1	-16	-9	2	0	4					
	1	0	36	0	100	81	0	1	256	81	4	0	16			576	13	44.3
150	3	4	2	14	5	14	-6	-11	-15	-8	1	5						
	9	16	4	196	25	196	36	121	225	64	1	25				918	12	76.5
200	7	0	16	9	10	8	-16	-10	-14	-9	6							
	49	0	256	81	100	64	256	100	196	81	36					1219	11	110.8
250	3	14	11	14	4	-2	-15	-9	-15	-4								
	9	196	121	196	16	4	225	81	225	16						1089	10	108.9
300	17	9	16	8	-6	-1	-14	-10	-10									
	289	81	256	64	36	1	196	100	100							1123	9	124.8
350	12	14	10	-2	-5	0	-15	-5										
	144	196	100	4	25	0	225	25								719	8	89.9

Fig. 3.1. Berechnetes einfaches Variogramm.

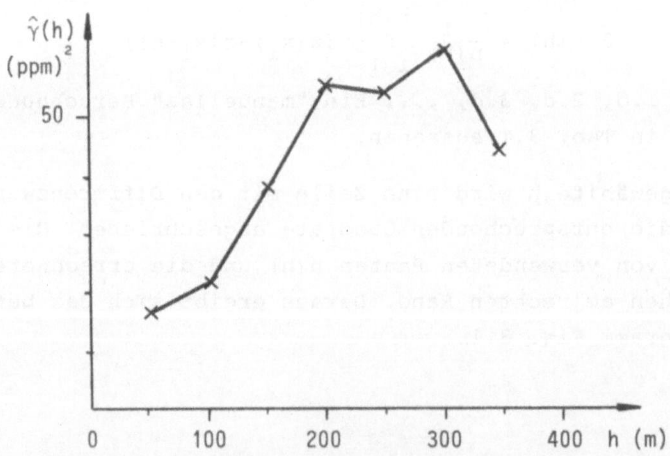

4. Das Variogramm

In diesem Kapitel diskutieren wir Eigenschaften des Variogramms, die zur Strukturanalyse einer Lagerstätte verwendet werden können. Weiters wird die praktische Berechnung ausführlich besprochen und Variogrammodelle sowie das Problem der Vergleichmässigung behandelt. Das Kovariogramm dient zur gleichzeitigen Betrachtung mehrerer regionalisierter Variablen. Wir werden frei das Wort Variogramm statt Semi-Variogramm verwenden, wenn es klar aus dem Text erscheint, was gemeint ist.

4.1 Strukturelle Eigenschaften des Variogramms

Die Kovarianz $C(\underline{h})$ besitzt die Eigenschaften, dass $C(\underline{0}) = Var(Z(\underline{x})) \geq 0$, dass sie symmetrisch um $\underline{0}$ ist (d.h. $C(\underline{h}) = C(-\underline{h})$), und dass gilt $|C(\underline{h})| \leq C(\underline{0})$ (Schwarz'sche Ungleichung). Ausserdem geht der Grad der Abhängigkeit der beiden Zufallsvariablen $Z(\underline{x})$ und $Z(\underline{x}+\underline{h})$ meistens mit dem Ansteigen (Verlängern) von $|\underline{h}|$ zurück, sodass i.a. die Funktion $C(\underline{h})$ monoton fällt und praktisch nach einem gewissen Radius, d.h. $|\underline{h}| \geq a$, sogar verschwindend klein wird. Das Verhalten des Variogramms $\gamma(\underline{h}) = C(\underline{0})-C(\underline{h})$ ist entgegengesetzt: Als Varianz wird es natürlich nie negativ, für $\underline{h} = \underline{0}$ gleich $\gamma(\underline{0}) = 0$, dann aber steigt es im allgemeinen, für $|\underline{h}| \geq a$ ist es ungefähr gleich dem maximalen Wert $\gamma(\infty) = C(\underline{0})$.

(a) Einflussbereich

Der oben angedeutete Bereich $|\underline{h}| < a$ wird auch als Einflussbereich oder Einflusszone einer Probe, der Wert a als Reichweite (range) und $C = \gamma(\underline{h})$ für $|\underline{h}| = a$ als Schwellenwert bezeichnet. Ausserhalb dieser Zone gelten $Z(\underline{x})$ und $Z(\underline{x}+\underline{h})$ als voneinander unabhängig oder unkorreliert.

Dieser Einflussbereich ist aber im mehrdimensionalen Raum meistens nicht einfach als kugeliges Gebilde mit Radius a zu beschreiben. Die Reichweite hängt von der Richtung ab. Eine Illustration findet man in Fig. 1.3.

(b) Geschachtelte Strukturen

Die Variabilität einer regionalisierten Variablen kann viele Ursachen haben. Wir führen einige, nach gewissen Grössenordnungen eingeteilt, an:

(i) Auf dem Niveau der Messpunkte ($\underset{\sim}{h} \simeq \underset{\sim}{0}$): Die Variabilität hängt direkt mit der Messung zusammen (zufällige Fehler der Stichprobenerhebung).

(ii) Auf dem petrographischen Niveau (z.B. $|\underset{\sim}{h}| < 1$ cm): Die Variabilität entsteht wegen des Überganges von einem mineralogischen Element zu einem anderen.

(iii) Auf dem Niveau der Schichtung oder mineralisierter Linsen (z.B. $|\underset{\sim}{h}| < 100$ m): Vermischung von verschiedenen Schichten oder Linsen mit fremden Einschlüssen verursacht die Variabilität.

(iv) Auf dem Niveau eines Landes (z.B. $|\underset{\sim}{h}| < 100$ km): Die Gebirgsbildung eines Landes bewirkt die Variabilität.

Etc.

Zu jeder dieser Strukturen gehört ein anderes Variogramm mit verschiedener Reichweite a und verschiedenem Schwellenwert C. Diese Strukturen sind "ineinandergeschachtelt" und man bekommt ein zusammengesetztes Variogramm, das sich allerdings manchmal in seine Komponenten zerlegen lässt.

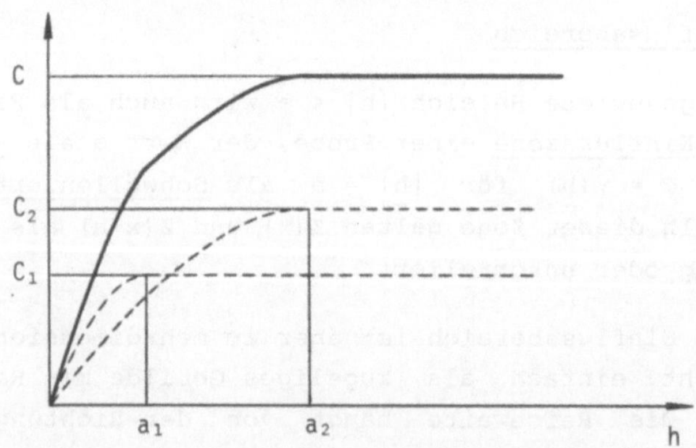

Fig. 4.1. Geschachteltes Variogramm.

Beispiel 4.1.: Geschachtelte Struktur in Mazaugues ([6]).

Das Bauxit-Lager in Mazaugues (Frankreich) besteht aus subhorizontralen, schichtenförmigen Linsen, die im wesentlichen in Nord-Süd-Richtung liegen. (Fig. 4.2a). Diese Linsen werden durch regelmässige hängende Wände und sehr unregelmässige, untere Enden, die aus Dolomitkarst bestehen, charakterisiert. Die mittleren Abweichungen der Linsen liegen zwischen 200 und 300m in der N-S-Richtung und zwischen 100 und 200m in der E-W-Richtung. Die Lagerstätte wurde durch vertikale Bohrlöcher beprobt, sodass ungefähr jedes 100 x 100m-Quadrat ein Bohrloch erhält.

Fig. 4.2b zeigt die Semivariogramme der Dicke von Bauxit in den beiden Hauptrichtungen. Man sieht zwei "Übergangsmodelle", bei denen die Einflussbereiche ungefähr den Grössen der Linsen entsprechen.

Von einer Linse wurde die Dicke in kleinen Schritten von 2 und 10m gemessen und das Semi-Variogramm gerechnet. (Fig. 4.2c). Man sieht ein Übergangsmodell mit einem Einflussbereich von ca. 20m, der charakteristisch für die karstische Struktur der unteren Enden der Linsen ist. Bei grösseren h's steigt das Variogramm wieder an, was in diesem Bereich vom linearen Verhalten

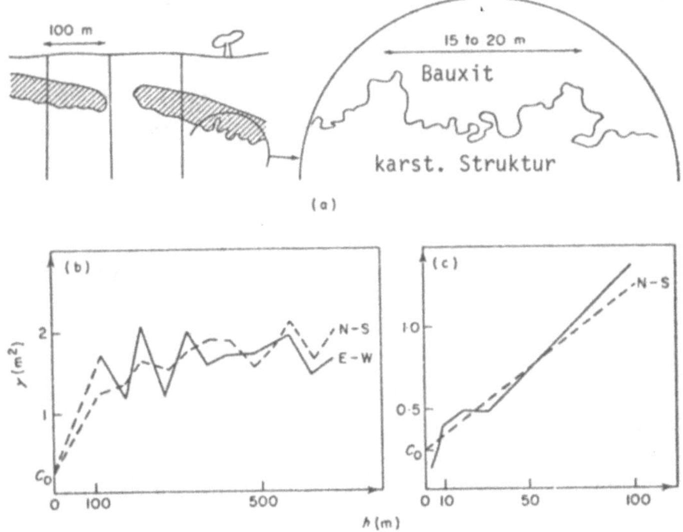

Fig. 4.2. Geschachtelte Struktur in einem Bauxit-Lager.

des vorigen Übergangsmodells herrührt und was die Makrostruktur des linsenförmigen Lagers wiedergibt.

(c) Verhalten in der Nähe des Ursprungs

Dieses kann zur Interpretation der Kontinuität und Regelmässigkeit der Variablen $Z(\underset{\sim}{x})$ im Raum verwendet werden. Vier Haupttypen werden grob unterschieden, die im folgenden, nach abnehmender Regularität geordnet, aufgeführt sind.

(i) Parabolisches Verhalten: Das Variogramm verhält sich ungefähr quadratisch, d.h. $\gamma(|\underset{\sim}{h}|) \approx c|\underset{\sim}{h}|^2$ für $\underset{\sim}{h} \to \underset{\sim}{0}$. Es ist stetig und differenzierbar an der Stelle $\underset{\sim}{h} = \underset{\sim}{0}$. Dies ist charakteristisch für ein sehr regelmässiges Verhalten, wie es z.B. bei geophysikalischen und geochemischen Variablen, Mächtigkeiten, etc. auftreten kann.

(ii) Lineares Verhalten: Es gilt $\gamma(|\underset{\sim}{h}|) \simeq c|\underset{\sim}{h}|$ für $\underset{\sim}{h} \to \underset{\sim}{0}$. Das Variogramm ist nicht mehr differenzierbar an der Stelle $\underset{\sim}{0}$, aber noch stetig. Dies kann man z.B. bei Erzgehalten finden.

(iii) Unstetigkeit im Ursprung: $\gamma(\underset{\sim}{h})$ strebt nicht gegen 0, wenn $\underset{\sim}{h}$ gegen $\underset{\sim}{0}$ geht, obwohl $\gamma(\underset{\sim}{0}) = \underset{\sim}{0}$ definiert ist. Das Variogramm ist also unstetig an der Stelle $\underset{\sim}{0}$, was bedeutet, dass die Variabilität zwischen zwei "nahen" Punkten $Z(\underset{\sim}{x})$ und $Z(\underset{\sim}{x}+\underset{\sim}{h})$ bereits sehr gross sein kann. Dieses Phänomen ist in der Physik unter dem Namen "weisses Rauschen" bekannt. Die Variabilität kann allerdings für grössere Werte von $\underset{\sim}{h}$ wieder stetig ansteigen. Diese Unstetigkeit im Ursprung des Variogramms wird "Klumpeneffekt" ("nugget effect") genannt, und die Höhe des Sprunges heisst Nugget-Varianz. Dieser Sprung entsteht durch die mögliche Mikro-Variabilität der Mineralisierung, aber auch durch Messungenauigkeiten, weil diese Variabilität auf engem Raum nicht erfasst werden kann.

(iv) Reiner Klumpeneffekt: Dies erscheint als Grenzfall, wenn das Variogramm nur eine Unstetigkeit im Ursprung aufweist und sonst konstant ist;

$$\gamma(\underset{\sim}{0}) = 0 \quad \text{und} \quad \gamma(\underset{\sim}{h}) = C_o \quad \text{für} \quad \underset{\sim}{h} \neq \underset{\sim}{0}.$$

In der Praxis kann so ein Modell entstehen, wenn der Bereich a extrem klein in Relation zu den experimentellen Beobachtungen angenommen werden muss. Dieser reine Klumpeneffekt, dem die totale Nichtexistenz einer Autokorrelation entspricht, kommt allerdings sehr selten in den montanistischen Anwendungen vor.

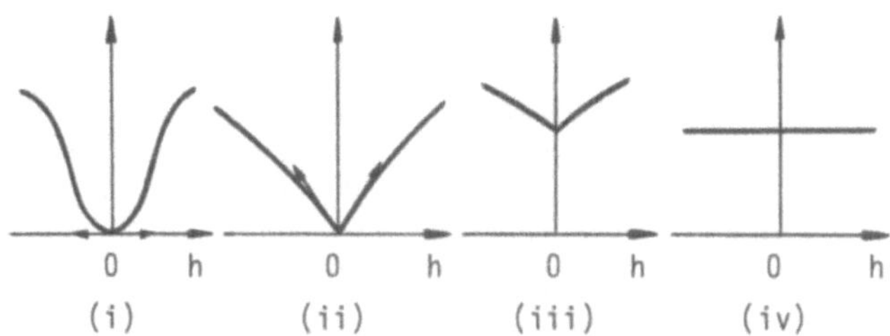

Beispiel 4.2.: Reiner Klumpeneffekt in Adelaida ([6]).

Scheelit (WO_4Ca) dieser Lagerstätte in Spanien ist konzentriert in Äderchen und kleinen Knötchen, welche mehr oder weniger homogen in einem Netz von Quarzadern verteilt sind.

Gebohrt wurde im rechten Winkel zur Ebene der grössten Dichte der Adern. Die gemessene Variable ist die kumulative Dicke der Quarzadern, die die Bohrkerne durchschneiden, wobei Bohrkerne der Länge $\ell = 5m$ verwendet werden. Die Variable Z (x) ist also eine regularisierte Variable "Dichte von Quarz" relativ zur Länge ℓ . Die Kernproben können natürlich auf Länge 2ℓ gruppiert werden.

Die beiden Variogramme zeigen eine flache Struktur bis ca. 50m (reiner Klumpeneffekt) und dann einen leichten Anstieg (Makrostruktur), dessen Bereich nicht durch die zur Verfügung stehenden Daten erklärt werden kann.

Die Klumpenkonstanten C_o sind 60 und 30 $(cm/m)^2$. Ähnlich verhalten sich die empirischen Streuungsvarianzen $s_\ell^2 = 66.8$ und $s_{2\ell}^2 = 35.3$ $(cm/m)^2$. Die Varianzen sind grösser als die C_o, weil sie die zusätzliche Variabilität und den Schachtelungseffekt der Makrostruktur (h > 50m) berücksichtigen.

Dieser reine Klumpeneffekt zeigt, dass man im Bereich der Beobachtungen von $h \in [5,50m]$, in dem auch die Produktion ausgeführt wird, kein selektiver Abbau möglich ist, ausser man bleibt in der Grössenordnung der Adern (5-40cm). Dies bedeutet auch, dass der beste lokale Schätzer der kumulativen Quarzdicke gleich dem globalen Mittel $\hat{m}$ = 5cm/m ist.

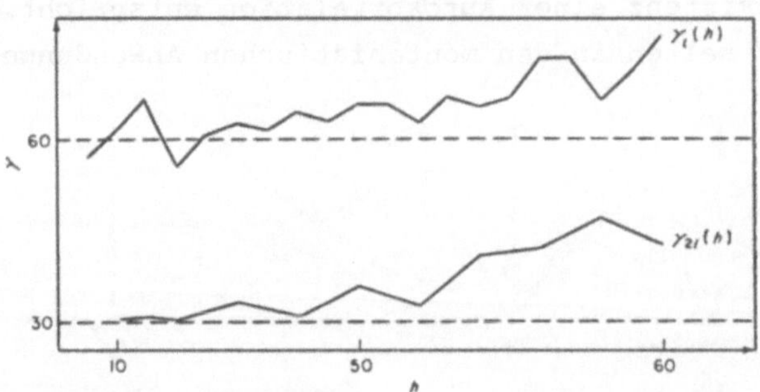

Fig. 4.3. Variogramme mit reinem Nuggeteffekt.

(d) Anisotropien

Das Argument $\underset{\sim}{h}$ des Variogramms γ ist im allgemeinen vektorwertig, d.h. es besteht aus dem absoluten Betrag $|\underset{\sim}{h}|$ und der Richtung $\underset{\sim}{\alpha}$ (eventuell vektorwertig α_1 und α_2). Häufig wird das Variogramm $\gamma(|\underset{\sim}{h}|)$ für verschiedene Richtungen verschiedene Formen aufweisen. Dann sprechen wir von Anisotropie und erwähnen zwei Spezialfälle:

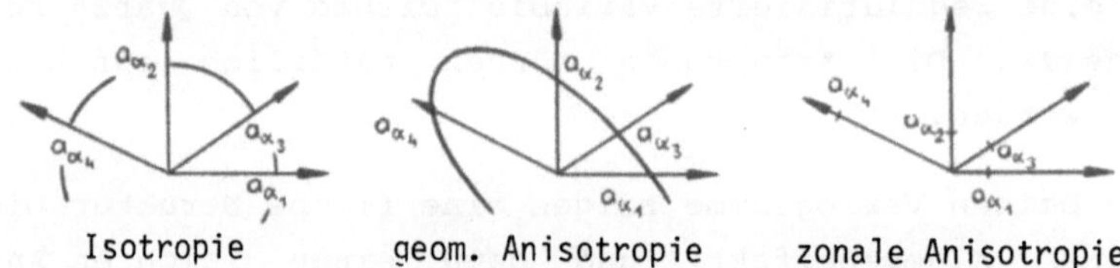

Fig. 4.4. Bereiche bei Anistropie.

(i) Geometrische Anisotropie: Wenn Variogramme von verschiedenen Richtungen den gleichen Schwellenwert und die gleiche

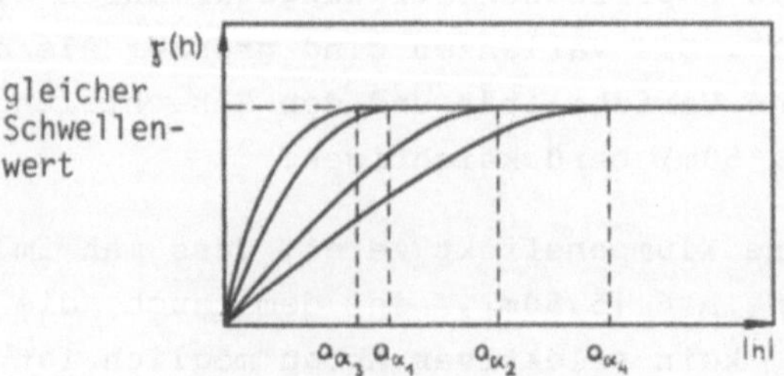

Fig. 4.5. Geometrische Anistropie.

Nugget-Varianz, aber verschiedene Anstiege aufweisen, so liegt eine geometrische Anisotropie vor. Wenn der Bereich sich trotzdem als einfache geometrische Form (z.B. als Ellipsoid) darstellen lässt, ist es einfach, durch Koordinatentransformation einen isotropischen Fall zu erhalten.

(ii) Zonale Anisotropie: In vielen Fällen ist das Variogramm in einer ausgezeichneten Richtung sehr abweichend. Dies kann z.B. bei schichtigen Lagerstätten auftreten. Senkrecht zur Schichtung variiert der Lagerstätteninhalt viel stärker als etwa in der Richtung der Schichtung. In so einem Fall kann das Variogrammodell in zwei Terme aufgespaltet werden, in eine isotropische Komponente $\gamma_1(|\underline{h}|)$ und in eine rein anisotropische $\gamma_2(\underline{h}_2)$, die an eine bestimmte Richtung $\underline{h}_2$ gebunden ist. Man erhält also

$$\gamma(\underline{h}) = \gamma_1(|\underline{h}|) + \gamma_2(\underline{h}),$$

wobei $\gamma_2(\underline{h})$ nur von der spezifischen Richtung $\underline{h}_2$ abhängt. Der Grund dieser "Additivität" liegt in der möglicherweise geschachtelten Struktur der Fehler.

(e) Proportional-Effekt

Manchmal ist die Varianz an einer Stelle von der mittleren Grösse der Variablen abhängig. Stellen wir uns zwei quasi-stationäre Bereiche $V_1(\underline{x}_1)$ und $V_2(\underline{x}_2)$ mit den jeweiligen Zentren $\underline{x}_1$ und $\underline{x}_2$ vor. Die entsprechenden Semi-Variogramme $\gamma_1(\underline{h})$ und $\gamma_2(\underline{h})$ sind im allgemeinen verschieden, manchmal aber nur über einen Proportionalitätsfaktor $f(\underline{x}_1,\underline{x}_2)$. Ist dieser gleich dem Quadrat des Verhältnisses der beiden mittleren Werte $m(\underline{x}_1)/m(\underline{x}_2)$, so kann man ein Variogramm $\gamma_0(\underline{h})$ über beide Bereiche berechnen, indem man jeden Wert der Variablen $z(\underline{x})$ vorher durch den geschätzten Mittelwert $\hat{m}$ des entsprechenden Bereichs dividiert. Es gilt dann

$$\gamma_1(\underline{h}) = \gamma_0(\underline{h})[m(\underline{x}_1)]^2$$

und

$$\gamma_2(\underline{h}) = \gamma_0(\underline{h})[m(\underline{x}_2)]^2.$$

(f) Hole-Effekt

Wechseln sich Stellen hoher Werte mit Stellen niedriger ab, so kann das Variogramm in einen periodischen Verlauf übergehen. Dabei kann ein Schwellenwert auftreten oder auch nicht. Dieses Modell wird als Hole-Effekt-Modell bezeichnet (siehe Fig. 4.6).

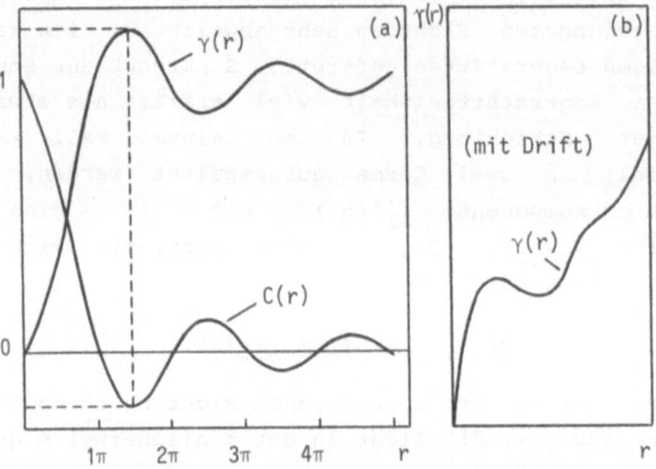

Fig. 4.6. Hole-Effekt-Modell.

Beispiel 4.3: Outp. 4.1 und 4.2 illustrieren empirische Variogramme der Kupfer- bzw. Nickeldaten aus Tab. 2.3, wie sie von einem Computerprogramm (z.B. [9]) geliefert werden. Die numerischen Werte mit der Anzahl von Paaren sind links aufgelistet und die übliche (Streuungs-) Varianz ist durch einen waagrechten Strich gekennzeichnet. Outp. 4.1 zeigt eine Art Hole-Effekt, während die Nickeldaten in Outp. 4.2 eine geschachtelte Struktur erkennen lassen. Beide Zeichnungen könnten auch einen Drift andeuten.

(g) Koregionalisierung

Ein regionalisiertes Phänomen kann oft durch mehrere, voneinander abhängige Variablen beschrieben werden. In einem Blei-Zink-Lager hängen zum Beispiel diese beiden Mineralisierungen eng zusammen. Dann stellt sich die Frage, ob aus reichem Vorkommen an Blei in einer Zone auch auf reiches Vorkommen an Zink

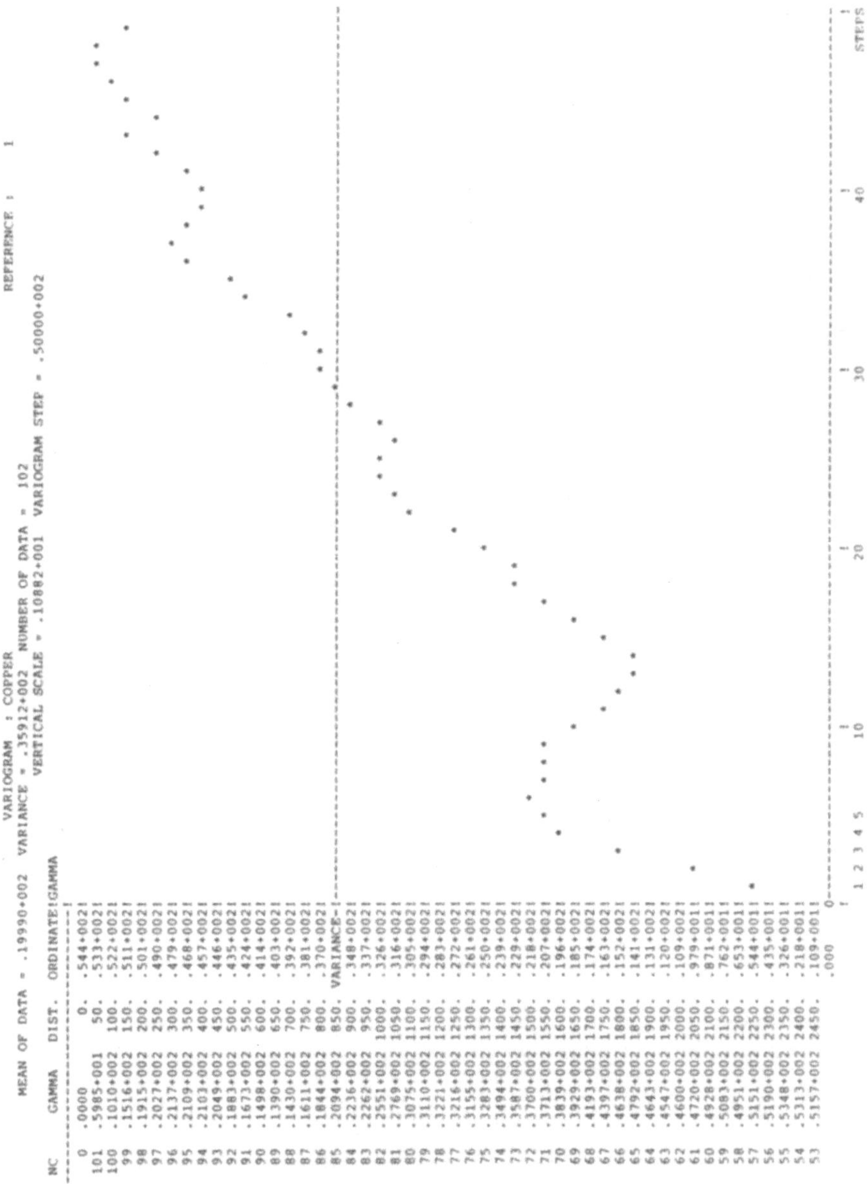

NC	GAMMA	DIST.	ORDINATE
0	.0000	0.	.544+002
101	.5985+001	50.	.533+002
100	.1010+002	100.	.522+002
99	.1516+002	150.	.511+002
98	.1915+002	200.	.501+002
97	.2027+002	250.	.490+002
96	.2137+002	300.	.479+002
95	.2109+002	350.	.468+002
94	.2103+002	400.	.457+002
93	.2049+002	450.	.446+002
92	.1883+002	500.	.435+002
91	.1673+002	550.	.424+002
90	.1498+002	600.	.414+002
89	.1390+002	650.	.403+002
88	.1430+002	700.	.392+002
87	.1611+002	750.	.381+002
86	.1844+002	800.	.370+002
85	.2094+002	850.	VARIANCE-
84	.2236+002	900.	.348+002
83	.2262+002	950.	.337+002
82	.2551+002	1000.	.326+002
81	.2769+002	1050.	.316+002
80	.3075+002	1100.	.305+002
79	.3110+002	1150.	.294+002
78	.3221+002	1200.	.283+002
77	.3216+002	1250.	.272+002
76	.3155+002	1300.	.261+002
75	.3283+002	1350.	.250+002
74	.3494+002	1400.	.239+002
73	.3587+002	1450.	.229+002
72	.3700+002	1500.	.218+002
71	.3713+002	1550.	.207+002
70	.3839+002	1600.	.196+002
69	.3929+002	1650.	.185+002
68	.4193+002	1700.	.174+002
67	.4397+002	1750.	.163+002
66	.4638+002	1800.	.152+002
65	.4792+002	1850.	.141+002
64	.4643+002	1900.	.131+002
63	.4547+002	1950.	.120+002
62	.4600+002	2000.	.109+002
61	.4720+002	2050.	.979+001
60	.4928+002	2100.	.871+001
59	.5083+002	2150.	.762+001
58	.4951+002	2200.	.653+001
57	.5151+002	2250.	.544+001
56	.5190+002	2300.	.435+001
55	.5348+002	2350.	.326+001
54	.5313+002	2400.	.218+001
53	.5157+002	2450.	.109+001

Outp. 4.1. Variogramm der Kupferdaten.

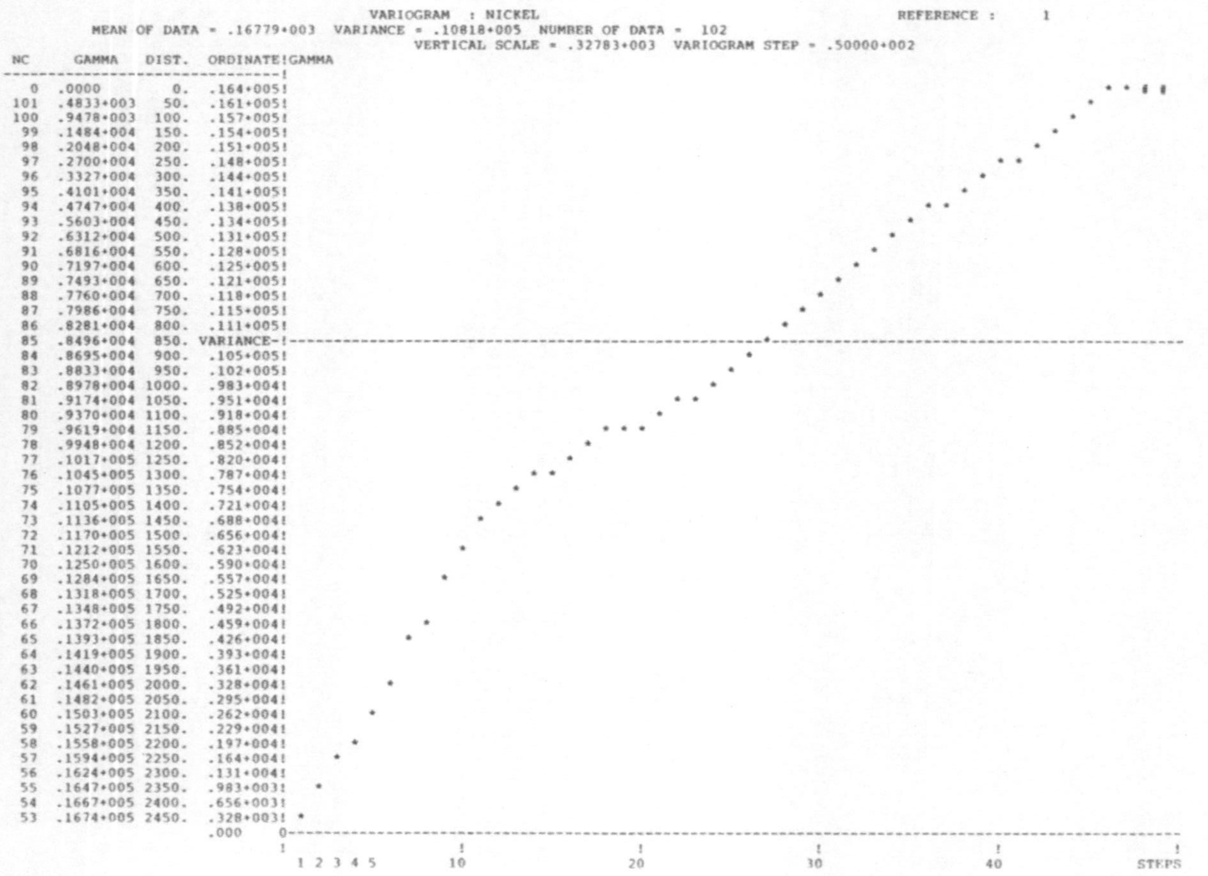

VARIOGRAM : NICKEL REFERENCE : 1

MEAN OF DATA = .16779+003 VARIANCE = .10818+005 NUMBER OF DATA = 102

VERTICAL SCALE = .32783+003 VARIOGRAM STEP = .50000+002

NC	GAMMA	DIST.	ORDINATE
0	.0000	0.	.164+005
101	.4833+003	50.	.161+005
100	.9478+003	100.	.157+005
99	.1484+004	150.	.154+005
98	.2048+004	200.	.151+005
97	.2700+004	250.	.148+005
96	.3327+004	300.	.144+005
95	.4101+004	350.	.141+005
94	.4747+004	400.	.138+005
93	.5603+004	450.	.134+005
92	.6312+004	500.	.131+005
91	.6816+004	550.	.128+005
90	.7197+004	600.	.125+005
89	.7493+004	650.	.121+005
88	.7760+004	700.	.118+005
87	.7986+004	750.	.115+005
86	.8281+004	800.	.111+005
85	.8496+004	850.	VARIANCE-
84	.8695+004	900.	.105+005
83	.8833+004	950.	.102+005
82	.8978+004	1000.	.983+004
81	.9174+004	1050.	.951+004
80	.9370+004	1100.	.918+004
79	.9619+004	1150.	.885+004
78	.9948+004	1200.	.852+004
77	.1017+005	1250.	.820+004
76	.1045+005	1300.	.787+004
75	.1077+005	1350.	.754+004
74	.1105+005	1400.	.721+004
73	.1136+005	1450.	.688+004
72	.1170+005	1500.	.656+004
71	.1212+005	1550.	.623+004
70	.1250+005	1600.	.590+004
69	.1284+005	1650.	.557+004
68	.1318+005	1700.	.525+004
67	.1348+005	1750.	.492+004
66	.1372+005	1800.	.459+004
65	.1393+005	1850.	.426+004
64	.1419+005	1900.	.393+004
63	.1440+005	1950.	.361+004
62	.1461+005	2000.	.328+004
61	.1482+005	2050.	.295+004
60	.1503+005	2100.	.262+004
59	.1527+005	2150.	.229+004
58	.1558+005	2200.	.197+004
57	.1594+005	2250.	.164+004
56	.1624+005	2300.	.131+004
55	.1647+005	2350.	.983+003
54	.1667+005	2400.	.656+003
53	.1674+005	2450.	.328+003
			.000

Outp. 4.2. Variogramm der Nickeldaten.

geschlossen werden kann.

Wir betrachten jetzt an jedem Ort $\underline{x}$ gleichzeitig K Variable $(Z_1(\underline{x}),\ldots,Z_K(\underline{x}))$ und sprechen von <u>Koregionalisierung</u>. Neben dem Mittelwert

$$m_k = m_k(\underline{x}) = E[Z_k(\underline{x})],$$

der Varianz, der Kovarianz und dem Variogramm jeder einzelnen Variablen Z_k definieren wir noch die <u>Kreuz-Kovarianz</u> durch

$$C_{k'k}(\underline{h}) = E[(Z_{k'}(\underline{x})-m_{k'})(Z_k(\underline{x}+\underline{h})-m_k)]$$

und nehmen an, dass sie nur von der Differenz $\underline{h}$ und nicht vom Ort $\underline{x}$ abhängt (Stationarität 2. Ordnung). Weiters ist das <u>Kreuz-Variogramm</u> gegeben durch

$$2\,\gamma_{k'k}(\underline{h}) = E[(Z_{k'}(\underline{x})-Z_{k'}(\underline{x}+\underline{h}))(Z_k(\underline{x})-Z_k(\underline{x}+\underline{h}))].$$

Die "Kreuz-Momente" weisen folgende Eigenschaften auf:

(i) Wenn k = k' stimmen die Kreuz-Kovarianz C_{kk} mit der üblichen Kovarianz und das Kreuz-Variogramm γ_{kk} mit dem Variogramm überein.

(ii) Das Kreuz-Semi-Variogramm $\gamma_{k'k}(\underline{h})$ kann im Gegensatz zum Semi-Variogramm auch negative Werte annehmen. Dies kann z.B. in einem Phänomen auftreten, wo ein Element (k) durch ein anderes (k') ersetzt wird (siehe Beispiel 4.4).

(iii) Bei Stationarität 2. Ordnung gilt

$$2\,\gamma_{k'k}(\underline{h}) = 2C_{k'k}(\underline{0})-C_{k'k}(\underline{h})-C_{kk'}(\underline{h}).$$

(iv) Das Kreuz-Variogramm ist symmetrisch in (k',k) und in $\underline{h}$,

$$\gamma_{k'k}(\underline{h}) = \gamma_{kk'}(\underline{h}), \quad \gamma_{k'k}(\underline{h}) = \gamma_{k'k}(-\underline{h}),$$

während es die Kreuz-Kovarianz nicht unbedingt ist. Es gilt

$$C_{kk'}(\underline{h}) = C_{k'k}(-\underline{h}), \quad C_{k'k}(-\underline{h}) \neq C_{k'k}(\underline{h}).$$

Ein sogenannter "Lag-Effekt" (Verschiebung) zwischen 2 Variablen (z.B. hoher Bleigehalt zieht in einer bestimmten Richtung hohen Zinkgehalt nach sich) drückt sich in der Unsymmetrie der Kreuz-Kovarianz bezüglich $\underline{h}$ aus. Diese Information ist aber im Kreuz-

Variogramm nicht enthalten.

(v) Über die Kreuz-Kovarianz kann der Korrelationskoeffizient definiert werden, der z.B. für 2 Variable $Z_{k'}(\underset{\sim}{x})$ und $Z_k(\underset{\sim}{x})$

$$\rho_{k'k} = \frac{C_{k'k}(\underset{\sim}{0})}{C_{kk}(\underset{\sim}{0})\,C_{k'k'}(\underset{\sim}{0})} = \rho_{kk'}$$

wäre.

Beispiel 4.3: Outp. 4.3 illustriert das Kreuz-Variogramm anhand der Kupfer-Nickel-Daten aus Tab. 2.3. Im folgenden Bild Fig. 4.7 werden die empirischen Kreuz-Semi-Variogramme für Eisen (Fe), freies Kupfer (Cu S) und Gesamtmenge an Kupfer (Cu T) dargestellt. Sie wurden von den gemessenen Werten in 13 m Bettiefe im "Exotica"-Kupferlager in Chile berechnet und repräsentieren horizontale Koregionalisierungen.

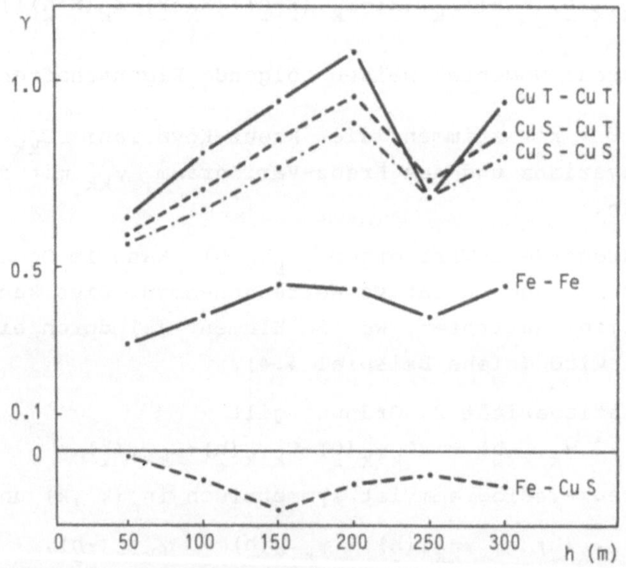

Fig. 4.7. Kreuz-Variogramme eines Kupferlagers.

Man bemerke, dass das Kreuz-Semi-Variogramm für Cu S - Cu T positiv ist, während das für Fe - Cu S negativ ausfällt. Dies kann mit einem Phänomen an der Oberfläche erklärt werden, bei dem Wasser zuerst geschwefelte Kupferelemente freigibt und das fast unlösliche Fe nahe der Oberfläche bleibt, während das lösliche Kupfer weggewaschen wird. Als Folgeerscheinung findet man bei einem Ansteigen des Eisen-Gehaltes ($z_k(\underset{\sim}{x}+\underset{\sim}{h})-z_k(\underset{\sim}{x}) > 0$) ein durchschnittliches Abfallen im löslichen Kupfer ($z_{k'}(\underset{\sim}{x}+\underset{\sim}{h})-z_{k'}(\underset{\sim}{x}) < 0$), woraus ein negatives Kreuz-Variogramm folgt.

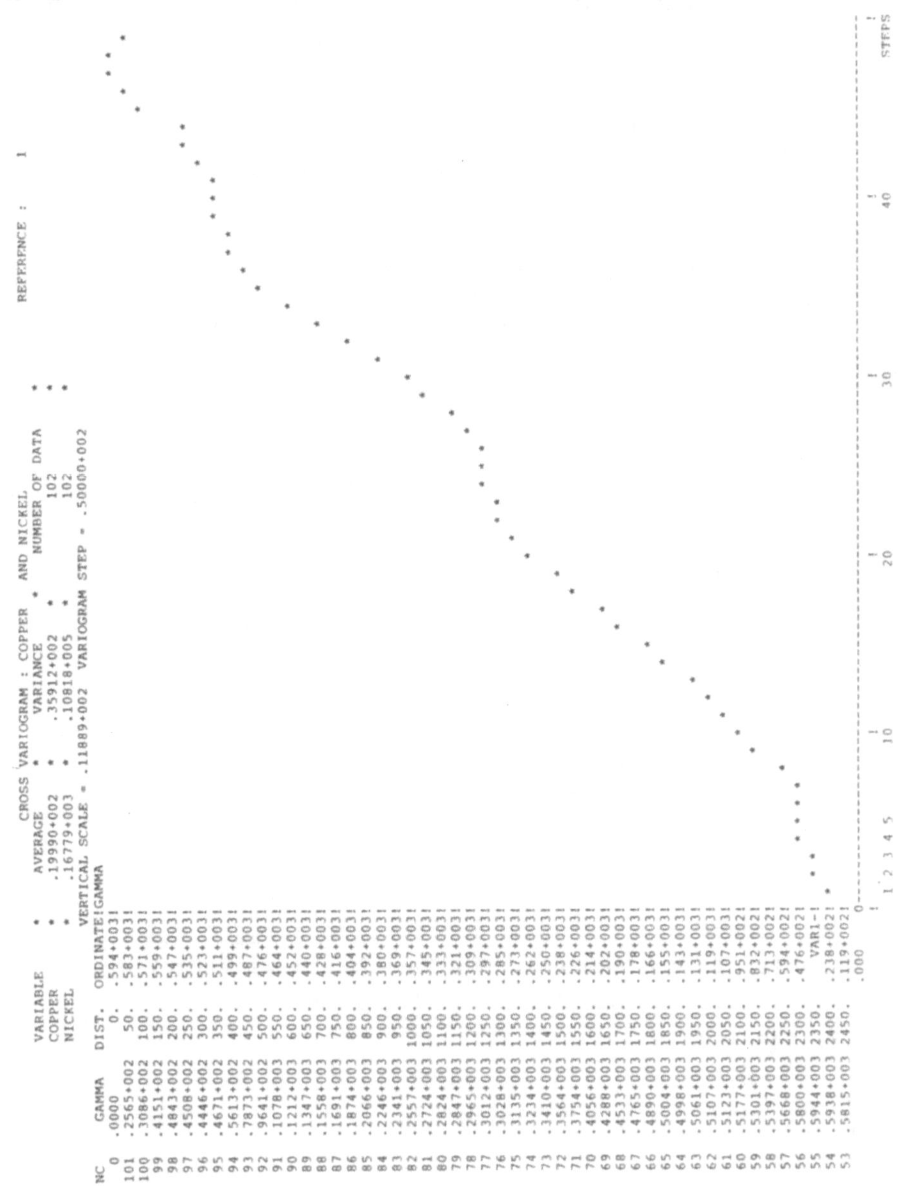

CROSS VARIOGRAM : COPPER AND NICKEL REFERENCE : 1

VARIABLE	AVERAGE	VARIANCE	NUMBER OF DATA
COPPER	.19990+002	.35912+002	102
NICKEL	.16779+003	.10818+005	102

VERTICAL SCALE = .11889+002 VARIOGRAM STEP = .50000+002

NC	GAMMA	DIST.	ORDINATE
0	.0000	0.	.594+003
101	.2565+002	50.	.583+003
100	.3086+002	100.	.571+003
99	.4151+002	150.	.559+003
98	.4843+002	200.	.547+003
97	.4508+002	250.	.535+003
96	.4446+002	300.	.523+003
95	.4671+002	350.	.511+003
94	.5613+002	400.	.499+003
93	.7873+002	450.	.487+003
92	.9641+002	500.	.476+003
91	.1078+003	550.	.464+003
90	.1212+003	600.	.452+003
89	.1347+003	650.	.440+003
88	.1558+003	700.	.428+003
87	.1691+003	750.	.416+003
86	.1874+003	800.	.404+003
85	.2066+003	850.	.392+003
84	.2246+003	900.	.380+003
83	.2341+003	950.	.369+003
82	.2557+003	1000.	.357+003
81	.2724+003	1050.	.345+003
80	.2824+003	1100.	.333+003
79	.2847+003	1150.	.321+003
78	.2965+003	1200.	.309+003
77	.3012+003	1250.	.297+003
76	.3028+003	1300.	.285+003
75	.3135+003	1350.	.273+003
74	.3234+003	1400.	.262+003
73	.3410+003	1450.	.250+003
72	.3564+003	1500.	.238+003
71	.3754+003	1550.	.226+003
70	.4056+003	1600.	.214+003
69	.4288+003	1650.	.202+003
68	.4533+003	1700.	.190+003
67	.4765+003	1750.	.178+003
66	.4890+003	1800.	.166+003
65	.5004+003	1850.	.155+003
64	.4998+003	1900.	.143+003
63	.5061+003	1950.	.131+003
62	.5107+003	2000.	.119+003
61	.5123+003	2050.	.107+003
60	.5177+003	2100.	.951+002
59	.5301+003	2150.	.832+002
58	.5397+003	2200.	.713+002
57	.5668+003	2250.	.594+002
56	.5800+003	2300.	.476+002
55	.5944+003	2350.	VAR1-
54	.5938+003	2400.	.238+002
53	.5815+003	2450.	.119+002
			.000

Outp. 4.3. Kreuz-Variogramm der Kupfer-Nickeldaten.

4.2 Berechnung des Variogramms

Zerlegen wir den Vektor $\underline{h}$ in den Betrag $r = |\underline{h}|$ und die Richtung (die eventuell 2-dimensional ist). Wir nehmen an, dass es n Paare von Messungen gibt, die an Orten mit der Differenz $\underline{h}$ aufgenommen wurden. Wir erinnern uns, dass das Variogramm für die regionalisierte Variable Z als

$$\gamma(\underline{h}) = \frac{1}{2}\, E[Z(\underline{x}+\underline{h})-Z(\underline{x})]^2$$

definiert ist. Dieses wird aus den Messungen geschätzt und zwar durch das Mittel

$$\hat{\gamma}(\underline{h}) = \hat{\gamma}(r,\underset{\sim}{\alpha}) = \frac{1}{2n}\sum_{i=1}^{n}[z(\underline{x}_i+\underline{h})-z(\underline{x}_i)]^2 .$$

Analog verwenden wir für zwei koregionalisierte Variable z_k und $z_{k'}$

$$\hat{\gamma}_{kk'}(r,\underset{\sim}{\alpha}) = \frac{1}{2n}\sum_{i=1}^{n}[z_k(\underline{x}_i+\underline{h})-z_k(\underline{x}_i)][z_{k'}(\underline{x}_i+\underline{h})-z_{k'}(\underline{x}_i)] .$$

Diese Ausdrücke sind eindeutig und klar; die praktische Durchführung ist jedoch wesentlich komplizierter und wir unterscheiden folgende Fälle.

(a) Messpunkte $\underline{x}_i$ liegen auf einer Linie und sind äquidistant

Dieser Fall tritt meist auf, wenn beim Erforschen einer Lagerstätte sehr systematisch vorgegangen wird.

(i) Die Probe eines Bohrloches kann in Stücke mit gleicher Länge zerschnitten werden, und aus diesen werden die entsprechenden Werte $z(\underline{x}_i)$ gewonnnen. $\underline{x}_i$ bezeichnet meist das Zentrum und man spricht von Regularisierung der Variablen (siehe später). Das Variogramm wird hier also an diskreten Stellen (gleich ganzen Vielfachen von ℓ), nämlich

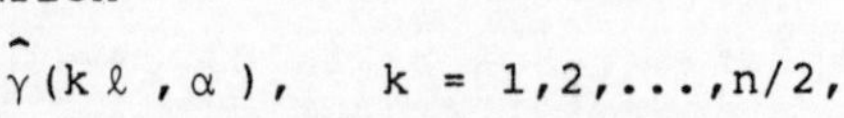

$$\hat{\gamma}(k\ell,\alpha), \quad k = 1,2,\ldots,n/2,$$

berechnet.

(ii) Verschiedene Bohrlöcher sind in einer bestimmten Richtung angeordnet und man vergleicht Proben der gleichen Länge in der gleichen Tiefe: $\hat{\gamma}(kb, \alpha)$.

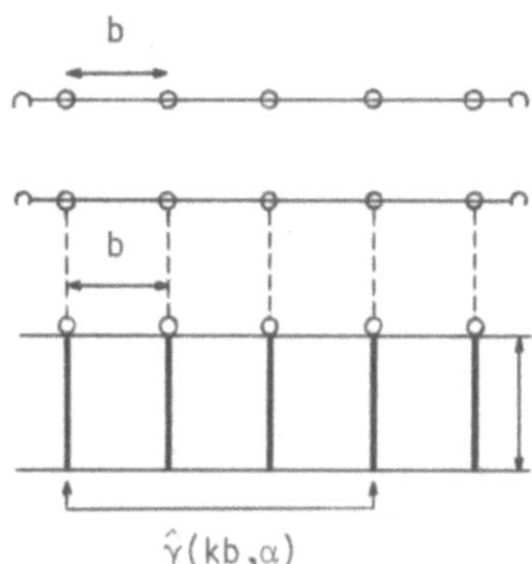

Ein Beispiel einer solchen Variogrammberechnung in einer Dimension wurde schon im Abschnitt 3.3 gegeben. Das folgende Beispiel soll die Vorgangsweise in zwei Dimensionen illustrieren.

Beispiel 4.4: ([6]) Die folgende Datenmenge ist klein genug gewählt, damit die erforderlichen Rechnungen leicht ohne Computer durchgeführt werden können. Für die Praxis wären allerdings die so erhaltenen Variogramme zu ungenau. Die Daten wurden an den Ecken eines quadratischen Gitters mit Abstand a erhoben. Die Richtungen, die studiert werden können, sind die Hauptrichtungen α_1 und α_2 und die Diagonalen α_3 und α_4. Der kleinste Abstand $|\underset{\sim}{h}|$ zwischen Punktepaaren beträgt also a in den Hauptrichtungen und $a\sqrt{2}$ in Richtung der Diagonalen. Als Argument $\underset{\sim}{h}$ von der Anzahl der zur Verfügung stehenden Punktepaare $n(\underset{\sim}{h})$ in einer bestimmten Richtung und von $\hat{\gamma}(\underset{\sim}{h})$ schreiben wir der Einfachheit halber nur den Multiplikator (1, 2 oder 3). Die errechneten Werte für n und $\hat{\gamma}$ werden in der nächsten Tabelle angegeben. Nimmt man Isotropie an, so können die Semi-Variogramme der 4 Richtungen zu einem mittleren Variogramm zusammengefasst werden. Hier bekommen wir für $|\underset{\sim}{h}|$ die Werte a, $a\sqrt{2}$, 2a, $2a\sqrt{2}$, usw. Die entsprechenden Werte für n und $\hat{\gamma}$ sind in der zweiten Tabelle angegeben. Dieses empirische Semi-Variogramm mit einer angepassten, linearen Kurve

$$\gamma(|\underset{\sim}{h}|) = 4.1|\underset{\sim}{h}|/a$$

ist auch in der folgenden Graphik dargestellt.

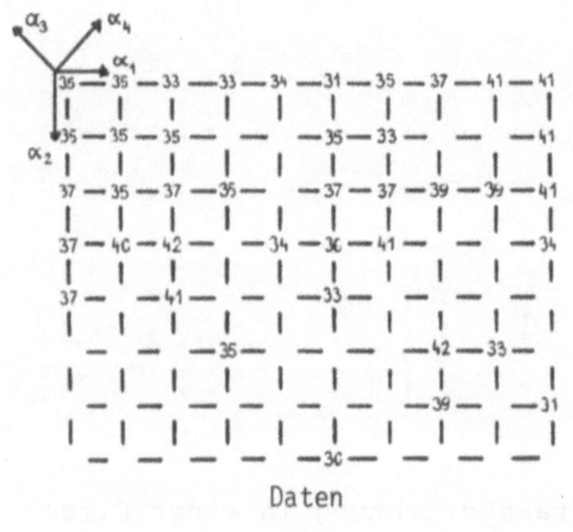

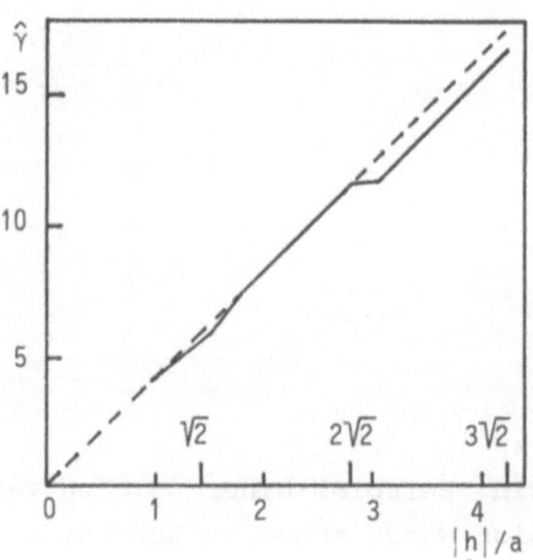

Richtungsabhängiges Semi-Variogramm

Richtung	n(1)	$\hat{\gamma}(1)$	n(2)	$\hat{\gamma}(2)$	n(3)	$\hat{\gamma}(3)$
α_1	24	4.1	20	8.4	18	12.1
α_2	22	4.25	18	8.2	15	10.9
α_3	19	5	16	11.9	10	17.3
α_4	18	6.5	14	11.3	8	15.4

Isotropisches, mittleres Semi-Variogramm

$\lvert\underset{\sim}{h}\rvert$	a	a $\sqrt{2}$	2a	2a $\sqrt{2}$	3a	3a $\sqrt{2}$
n	46	37	38	30	33	18
$\gamma(\lvert\underset{\sim}{h}\rvert)$	4.2	5.7	8.3	11.6	11.6	16.3

(b) Messpunkte auf einer Linie, aber in unregelmässigen Abständen

In einer bestimmten Richtung (α) werden Abstandsklassen gebildet: Jedes Datenpaar $(z(\underset{\sim}{x}_i), z(\underset{\sim}{x}_j))$, das in der Richtung α einen Abstand $\underset{\sim}{r} \in \{r \pm \varepsilon(r)\}$ aufweist, wird zur Berechnung von $\gamma(r,\alpha)$ verwendet. $\varepsilon(r)$ bezeichnet dabei einen gewissen Toleranzwert.

Es ergibt sich ein Glättungseffekt für das Variogramm, denn man berechnet in Wirklichkeit eine Linearkombination innerhalb dieser Klassen: Wenn n Punkte-Paare einen Abstand $r_i \in \{r \pm \varepsilon(r)\}$ haben, dann berechnet man nämlich statt $\gamma(r,\alpha)$

$$\frac{1}{n} \sum_{1}^{n} \gamma(r_i, \alpha).$$

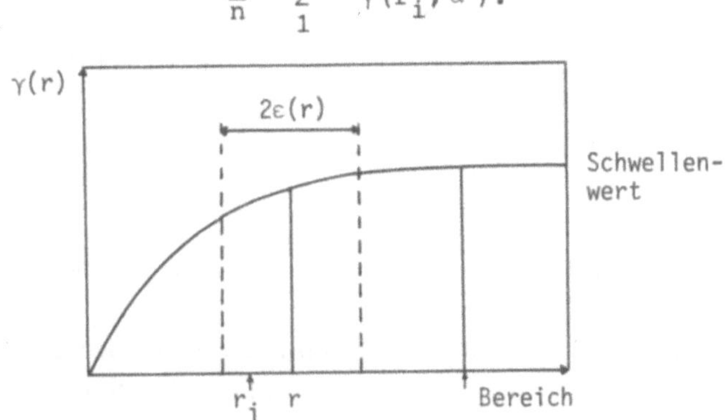

(c) <u>Messpunkte nicht auf einer Linie</u>

Diese Kategorie kann in eine der beiden vorigen übergeführt werden:

(i) Durch Definition ungefähr gerader Pfade durch die zur Verfügung stehenden Daten. Dies ist allerdings programmiertechnisch schwierig zu lösen und es werden eventuell nicht alle Daten benützt.

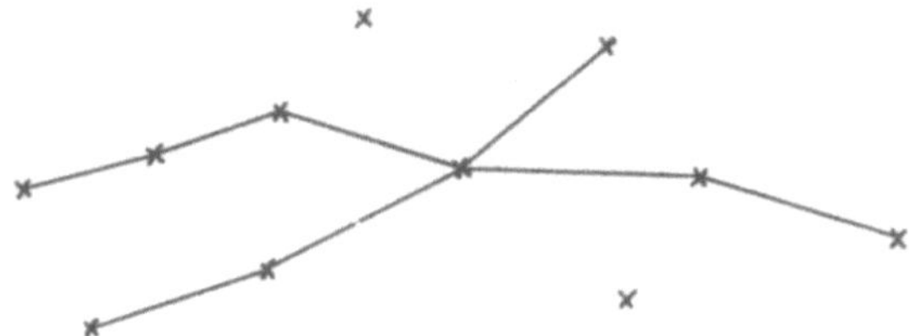

(ii) Durch Gruppierung der Daten in verschiedene <u>Winkelklassen</u>. Um ein Variogramm in Richtung α zu berechnen, wird ein Datenpunkt $z(\underline{x}_o)$ mit jedem anderen in Zusammenhang gebracht, der in

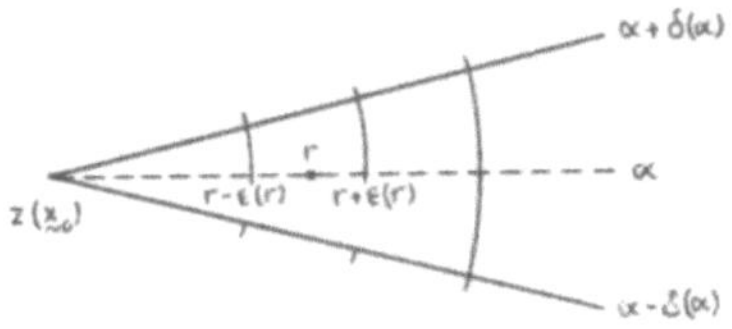

einem Winkel von $\alpha_i \in \{\alpha \pm \delta(\alpha)\}$ zu $\underset{\sim}{x}_o$ liegt. $\delta(\alpha)$ bezeichnet wieder eine bestimmte Toleranz. Innerhalb jeder Winkelklasse können wieder Abstandsklassen definiert werden. Der Glättungseffekt ist natürlich noch grösser.

Praktisch wird der erste Schritt so sein: 4 Richtungen im 2-dimensionalen Raum: $\alpha \pm \pi/8$.

Erst wenn man Verschiedenheiten in den Richtungen vermutet, sollte man die Klassen verkleinern. (Anisotropie: Diese kann später oft durch entsprechende Transformation behoben werden.) Sonst würde man durch Gruppieren versuchen, noch bessere Variogramme zu erhalten: Angenommen, man hätte K Variogramme $\hat{\gamma}_k$ $(k=1,\ldots,K)$ mit jeweils n_k Datenpaaren berechnet. Dann findet man ein mittleres Variogramm mit allen Datenpaaren durch

$$\hat{\gamma}(r) = \frac{1}{\sum_k n_k} \sum_{k=1}^{K} n_k \hat{\gamma}_k(r).$$

4.3 Variogrammodelle und ihre Anpassung

Wie man sich bei einer Häufigkeitsverteilung eine zugrundeliegende theoretische Verteilung (z.B. Normalverteilung) vorstellt, kann man auch bei experimentellen Variogrammen ein mathematisches Modell zugrunde legen. Dieses kann dann leichter für weitere Rechnungen verwendet werden.

Die Auswahl des Modells konzentriert sich meistens auf einige wesentliche Gesichtspunkte:

(i) Das Verhalten in der Nähe des Ursprungs: Die eventuell vorhandene Nugget-Varianz (Unstetigkeit) wird durch Extrapolation gegen die Ordinate gefunden.

(ii) Das Vorhandensein einer Schwelle (Übergangsmodell). In erster Näherung kann die statistische Varianz der Messwerte als Schwellenwert genommen werden.

(iii) Das Auftreten von Anisotropien, geschachtelten Strukturen, etc.

Folgende Modelle werden häufig in der Praxis verwendet:

(a) Modelle für Variogramme ohne Schwellenwert

(i) Das Potenzmodell $\gamma(h) = p|h|^{\lambda}$ mit $0 < \lambda < 2$. Praktisch wird aber nur das lineare Modell

$$\gamma(h) = p|h|$$

verwendet. Das Variogramm steigt linear an, zumindest bis zu den Entfernungen, die im experimentellen Variogramm erreicht werden. Diese Modelle entsprechen einer regionalisierten Variablen mit unbegrenzter Streuung.

(ii) Das logarithmische Modell (De Wijs)

$$\gamma(h) = \log h.$$

Dieses kann natürlich nicht bis zum Ursprung $h = 0$ angepasst werden. Es bietet allerdings erhebliche rechnerische Vorteile.

(b) Modelle für Variogramme mit Schwellenwert

Diese werden auch Übergangsmodelle genannt. Der Schwellenwert entspricht der Varianz $C(0)$.

(i) Lineares Verhalten am Ursprung.

Das sphärische Modell (Matheron) hat die Form

$$\gamma(h) = \begin{cases} C\left[\frac{3}{2}\frac{h}{a} - \frac{1}{2}\left(\frac{h}{a}\right)^3\right] & \text{für } h \leq a \\ C & \text{für } h > a, \end{cases}$$

wobei a die Reichweite und C den Schwellenwert bezeichnet. Die Tangente an das Variogramm durch den Ursprung schneidet die Schwelle bei $2a/3$.

Das exponentielle Modell (Formery) wird durch

$$\gamma(h) = C[1 - e^{-h/a}]$$

beschrieben. Hier schneidet die Tangente im Ursprung die Schwelle an der Stelle a. Allerdings muss man feststellen, dass das

Variogramm den Schwellenwert C gar nicht annimmt, sondern sich nur asymptotisch für $h \to \infty$ annähert. Man definiert aber hier als Bereich a' = 3a, wobei (a') = $C(1 - e^{-3}) = .95C$.

(ii) Das <u>Gauss</u>'sche Modell.

Dieses zeigt ein quadratisches Verhalten am Ursprung und wird definiert durch

$$\gamma(h) = C(1 - e^{-h^2/a^2}).$$

Der Schwellenwert wird wieder nur asymptotisch erreicht, und der praktische Bereich wird als a' = $\sqrt{3}$ a betrachtet, wobei wiederum (a') = $C(1 - e^{-3}) = .95C$. Die drei Modelle mit Schwellenwert sind in der nächsten Zeichnung skizziert.

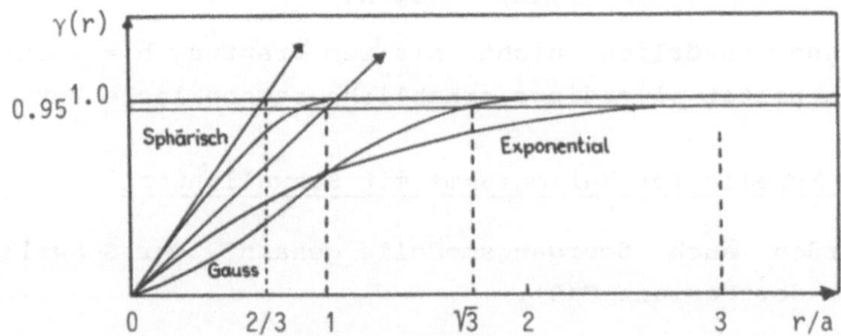

<u>(c) Anpassung des sphärischen Modells</u>

In diesem Unterabschnitt geben wir wieder eher Anregungen für Übungen als fertige Lösungen von Anpassungsproblemen.

(i) Von einem Erzkörper (V) mit einer Ausdehnung von 750 m in OW-Richtung und 330 m in NS-Richtung wurden Proben (v) auf einem Raster mit 6 m (= 1 h) entnommen. Da die Mächtigkeit der Lagerstätte schwankend war, wurde aus den Metallanalysen in % und den Mächtigkeiten in m das Produkt m.% (Akkumulation) gebildet. Für diese Daten wurden dann die $\gamma(\underset{\sim}{h})$ berechnet.

h		γ(h) EW	γ(h) NS
1	6m	0.14	0.17
2	12	0.20	0.26
3	18	0.23	0.32
4	24	0.29	0.42
5	30	0.33	0.42
6	36	0.40	0.58

7	42	0.47	0.68
8	48	0.48	0.54
9	54	0.53	0.56
10	60	0.60	0.45
11	66	0.65	0.60
12	72	0.44	0.72
13	78	0.64	0.48
14	84	0.54	0.40
15	90	0.67	0.52
16	96	0.60	0.57
17	102	0.72	0.44
18	108	0.44	0.48
19	114	0.66	0.58
20	120	0.45	0.64

Die statistische Varianz der Proben (v) in dem Erzkörper (V) beträgt $\sigma^2(v/V) = 0.55\ (m.\%)^2$.

- Die Punkte $\gamma(h)$ in Abhängigkeit von h werden graphisch im Diagramm Fig. 4.8 dargestellt. Es liegt offensichtlich eine geometrische Anisotropie vor.

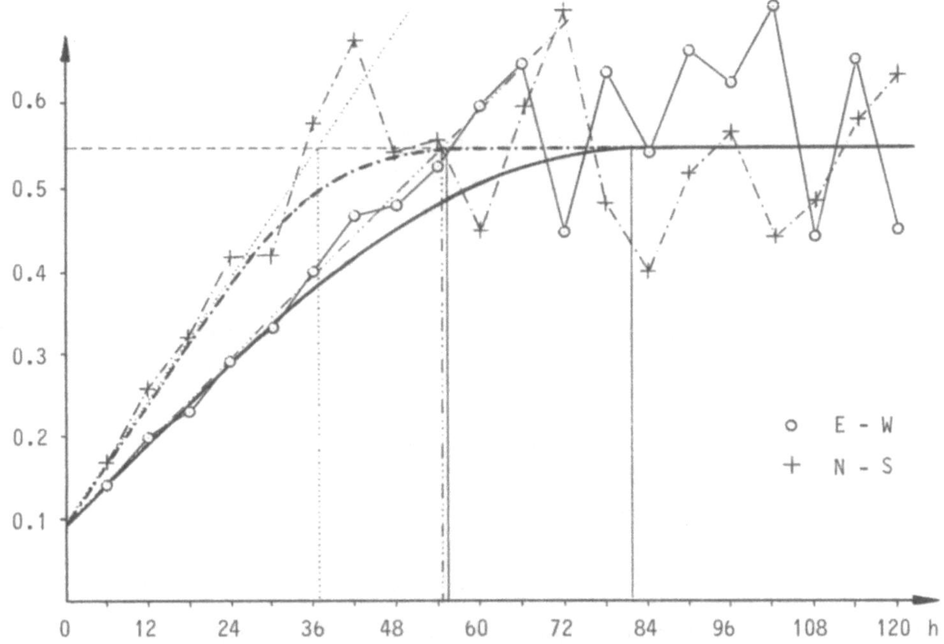

Fig. 4.8. Variogrammanpassung an Akkumulations-Daten.

- Parallel zur h-Achse wird eine Gerade durch $\gamma(h) = 0.55$ gezeichnet. Die Höhe stellt die Varianz des Probenvolumens v im

Erzkörper V dar, nämlich

$$\sigma^2(v/V) \simeq \gamma(h) = \gamma(\infty) = 0.55 = C.$$

- Für jedes der beiden Variogramme ist die Tangente durch die ersten Punkte Richtung Ursprung (h=0) zu zeichnen. Es ist offensichtlich, dass $\gamma(0)$ nicht gleich Null ist. Es liegt eine Nugget-Varianz C_o vor, die zu bestimmen ist. Da die beiden Variogramme aus dem gleichen Datensatz bestimmt wurden, muss die Nugget-Varianz natürlich gleich sein. Es ist dann $C_1 = C - C_o = .55 - .0.9 = .46$.

- Aus dem Schnittpunkt der Tangenten mit der horizontalen Geraden $\gamma(\infty) = 0.55$ erhält man im Matheron-Modell 2/3 der Reichweiten. Es ist also abzulesen:

$2/3\ a_1 = 55$ für die EW-Richtung, daraus folgt: $a_1 = 82.5 = a$.
$2/3\ a_2 = 37$ für die NS-Richtung, daraus folgt: $a_2 = 55.5$.

- Aus dem Verhältnis $q = a_1/a_2 = 1.49$ kann man das NS-Variogramm in das EW-Variogramm überführen, sodass das Modell nur für das 'isotropische' EW-Diagramm berechnet werden muss.

- Das Matheron-Modell ist dann nach folgender Beziehung zu berechnen:

$$\gamma(h) = C_o + C\left[\frac{3}{2}\frac{|h|}{a} - \frac{1}{2}\left(\frac{|h|}{a}\right)^3\right] \quad \text{für} \quad 0 \leq h \leq a$$

$$\gamma(h) = C_o + C \quad \text{für} \quad |h| > a.$$

- Die angepassten Werte für $\gamma(h)$ sind in das Diagramm mit den empirischen Variogrammen einzutragen. Am einfachsten wird es sicher sein, einen Computer (mit angeschlossenem Plotter) oder einen programmierbaren Taschenrechner für die Berechnung der Werte der Funktion für γ zu verwenden. Für die Arbeit mit Papier und Bleistift eignet sich eine Tabelle für

$$\gamma\left(\frac{h}{a}\right) = \frac{3}{2}\left(\frac{h}{a}\right) - \frac{1}{2}\left(\frac{h}{a}\right)^3$$

deren Werte einfach transformiert werden. Tab. 4.1 enthält solche Werte von $\gamma(h)$ für das sphärische Modell mit 3-stelliger Genauigkeit, die für praktische Zwecke genügt.

Tab. 4.1. Werte für $\gamma(\frac{h}{a}) = \frac{3}{2}(\frac{h}{a}) - \frac{1}{2}(\frac{h}{a})^3$

h/a	0.000	0.001	0.002	0.003	0.004	0.005	0.006	0.007	0.008	0.009
0.000	0.000	0.001	0.003	0.004	0.006	0.007	0.009	0.010	0.012	0.013
0.010	0.015	0.016	0.018	0.019	0.021	0.022	0.024	0.025	0.027	0.028
0.020	0.030	0.031	0.033	0.034	0.036	0.037	0.039	0.040	0.042	0.043
0.030	0.045	0.046	0.048	0.049	0.051	0.052	0.054	0.055	0.057	0.058
0.040	0.060	0.061	0.063	0.064	0.066	0.067	0.069	0.070	0.072	0.073
0.050	0.075	0.076	0.078	0.079	0.081	0.082	0.084	0.085	0.087	0.088
0.060	0.090	0.091	0.093	0.094	0.096	0.097	0.099	0.100	0.102	0.103
0.070	0.105	0.106	0.108	0.109	0.111	0.112	0.114	0.115	0.117	0.118
0.080	0.120	0.121	0.123	0.124	0.126	0.127	0.129	0.130	0.132	0.133
0.090	0.135	0.136	0.138	0.139	0.141	0.142	0.144	0.145	0.147	0.148
0.100	0.150	0.151	0.152	0.154	0.155	0.157	0.158	0.160	0.161	0.163
0.110	0.164	0.166	0.167	0.169	0.170	0.172	0.173	0.175	0.176	0.178
0.120	0.179	0.181	0.182	0.184	0.185	0.187	0.188	0.189	0.191	0.192
0.130	0.194	0.195	0.197	0.198	0.200	0.201	0.203	0.204	0.206	0.207
0.140	0.209	0.210	0.212	0.213	0.215	0.216	0.217	0.219	0.220	0.222
0.150	0.223	0.225	0.226	0.228	0.229	0.231	0.232	0.234	0.235	0.236
0.160	0.238	0.239	0.241	0.242	0.244	0.245	0.247	0.248	0.250	0.251
0.170	0.253	0.254	0.255	0.257	0.258	0.260	0.261	0.263	0.264	0.266
0.180	0.267	0.269	0.270	0.271	0.273	0.274	0.276	0.277	0.279	0.280
0.190	0.282	0.283	0.284	0.286	0.287	0.289	0.290	0.292	0.293	0.295
0.200	0.296	0.297	0.299	0.300	0.302	0.303	0.305	0.306	0.308	0.309
0.210	0.310	0.312	0.313	0.315	0.316	0.318	0.319	0.320	0.322	0.323
0.220	0.325	0.326	0.328	0.329	0.330	0.332	0.333	0.335	0.336	0.337
0.230	0.339	0.340	0.342	0.343	0.345	0.346	0.347	0.349	0.350	0.352
0.240	0.353	0.355	0.356	0.357	0.359	0.360	0.362	0.363	0.364	0.366
0.250	0.367	0.369	0.370	0.371	0.373	0.374	0.376	0.377	0.378	0.380
0.260	0.381	0.383	0.384	0.385	0.387	0.388	0.390	0.391	0.392	0.394
0.270	0.395	0.397	0.398	0.399	0.401	0.402	0.403	0.405	0.406	0.408
0.280	0.409	0.410	0.412	0.413	0.415	0.416	0.417	0.419	0.420	0.421
0.290	0.423	0.424	0.426	0.427	0.428	0.430	0.431	0.432	0.434	0.435
0.300	0.437	0.438	0.439	0.441	0.442	0.443	0.445	0.446	0.447	0.449
0.310	0.450	0.451	0.453	0.454	0.456	0.457	0.458	0.460	0.461	0.462
0.320	0.464	0.465	0.466	0.468	0.469	0.470	0.472	0.473	0.474	0.476
0.330	0.477	0.478	0.480	0.481	0.482	0.484	0.485	0.486	0.488	0.489
0.340	0.490	0.492	0.493	0.494	0.496	0.497	0.498	0.500	0.501	0.502
0.350	0.504	0.505	0.506	0.508	0.509	0.510	0.511	0.513	0.514	0.515
0.360	0.517	0.518	0.519	0.521	0.522	0.523	0.524	0.526	0.527	0.528
0.370	0.530	0.531	0.532	0.534	0.535	0.536	0.537	0.539	0.540	0.541
0.380	0.543	0.544	0.545	0.546	0.548	0.549	0.550	0.552	0.553	0.554
0.390	0.555	0.557	0.558	0.559	0.560	0.562	0.563	0.564	0.565	0.567
0.400	0.568	0.569	0.571	0.572	0.573	0.574	0.576	0.577	0.578	0.579
0.410	0.581	0.582	0.583	0.584	0.586	0.587	0.588	0.589	0.590	0.592
0.420	0.593	0.594	0.595	0.597	0.598	0.599	0.600	0.602	0.603	0.604
0.430	0.605	0.606	0.608	0.609	0.610	0.611	0.613	0.614	0.615	0.616
0.440	0.617	0.619	0.620	0.621	0.622	0.623	0.625	0.626	0.627	0.628
0.450	0.629	0.631	0.632	0.633	0.634	0.635	0.637	0.638	0.639	0.640
0.460	0.641	0.643	0.644	0.645	0.646	0.647	0.648	0.650	0.651	0.652
0.470	0.653	0.654	0.655	0.657	0.658	0.659	0.660	0.661	0.662	0.664
0.480	0.665	0.666	0.667	0.668	0.669	0.670	0.672	0.673	0.674	0.675
0.490	0.676	0.677	0.678	0.680	0.681	0.682	0.683	0.684	0.685	0.686
0.500	0.687	0.689	0.690	0.691	0.692	0.693	0.694	0.695	0.696	0.698

Tab. 4.1 (Fortsetzung)

h/a	0.000	0.001	0.002	0.003	0.004	0.005	0.006	0.007	0.008	0.009
0.510	0.699	0.700	0.701	0.702	0.703	0.704	0.705	0.706	0.708	0.709
0.520	0.710	0.711	0.712	0.713	0.714	0.715	0.716	0.717	0.718	0.719
0.530	0.721	0.722	0.723	0.724	0.725	0.726	0.727	0.728	0.729	0.730
0.540	0.731	0.732	0.733	0.734	0.736	0.737	0.738	0.739	0.740	0.741
0.550	0.742	0.743	0.744	0.745	0.746	0.747	0.748	0.749	0.750	0.751
0.560	0.752	0.753	0.754	0.755	0.756	0.757	0.758	0.759	0.760	0.761
0.570	0.762	0.763	0.764	0.765	0.766	0.767	0.768	0.769	0.770	0.771
0.580	0.772	0.773	0.774	0.775	0.776	0.777	0.778	0.779	0.780	0.781
0.590	0.782	0.783	0.784	0.785	0.786	0.787	0.788	0.789	0.790	0.791
0.600	0.792	0.793	0.794	0.795	0.796	0.797	0.798	0.799	0.800	0.801
0.610	0.802	0.802	0.803	0.804	0.805	0.806	0.807	0.808	0.809	0.810
0.620	0.811	0.812	0.813	0.814	0.815	0.815	0.816	0.817	0.818	0.819
0.630	0.820	0.821	0.822	0.823	0.824	0.824	0.825	0.826	0.827	0.828
0.640	0.829	0.830	0.831	0.832	0.832	0.833	0.834	0.835	0.836	0.837
0.650	0.838	0.839	0.839	0.840	0.841	0.842	0.843	0.844	0.845	0.845
0.660	0.846	0.847	0.848	0.849	0.850	0.850	0.851	0.852	0.853	0.854
0.670	0.855	0.855	0.856	0.857	0.858	0.859	0.860	0.860	0.861	0.862
0.680	0.863	0.864	0.864	0.865	0.866	0.867	0.868	0.868	0.869	0.870
0.690	0.871	0.872	0.872	0.873	0.874	0.875	0.875	0.876	0.877	0.878
0.700	0.879	0.879	0.880	0.881	0.882	0.882	0.883	0.884	0.885	0.885
0.710	0.886	0.887	0.888	0.888	0.889	0.890	0.890	0.891	0.892	0.893
0.720	0.893	0.894	0.895	0.896	0.896	0.897	0.898	0.898	0.899	0.900
0.730	0.900	0.901	0.902	0.903	0.903	0.904	0.905	0.905	0.906	0.907
0.740	0.907	0.908	0.909	0.909	0.910	0.911	0.911	0.912	0.913	0.913
0.750	0.914	0.915	0.915	0.916	0.917	0.917	0.918	0.919	0.919	0.920
0.760	0.921	0.921	0.922	0.922	0.923	0.924	0.924	0.925	0.926	0.926
0.770	0.927	0.927	0.928	0.929	0.929	0.930	0.930	0.931	0.932	0.932
0.780	0.933	0.933	0.934	0.934	0.935	0.936	0.936	0.937	0.937	0.938
0.790	0.938	0.939	0.940	0.940	0.941	0.941	0.942	0.942	0.943	0.943
0.800	0.944	0.945	0.945	0.946	0.946	0.947	0.947	0.948	0.948	0.949
0.810	0.949	0.950	0.950	0.951	0.951	0.952	0.952	0.953	0.953	0.954
0.820	0.954	0.955	0.955	0.956	0.956	0.957	0.957	0.958	0.958	0.959
0.830	0.959	0.960	0.960	0.960	0.961	0.961	0.962	0.962	0.963	0.963
0.840	0.964	0.964	0.965	0.965	0.965	0.966	0.966	0.967	0.967	0.968
0.850	0.968	0.968	0.969	0.969	0.970	0.970	0.970	0.971	0.971	0.972
0.860	0.972	0.972	0.973	0.973	0.974	0.974	0.974	0.975	0.975	0.975
0.870	0.976	0.976	0.976	0.977	0.977	0.978	0.978	0.978	0.979	0.979
0.880	0.979	0.980	0.980	0.980	0.981	0.981	0.981	0.982	0.982	0.982
0.890	0.983	0.983	0.983	0.983	0.984	0.984	0.984	0.985	0.985	0.985
0.900	0.986	0.986	0.986	0.986	0.987	0.987	0.987	0.987	0.988	0.988
0.910	0.988	0.988	0.989	0.989	0.989	0.989	0.990	0.990	0.990	0.990
0.920	0.991	0.991	0.991	0.991	0.992	0.992	0.992	0.992	0.992	0.993
0.930	0.993	0.993	0.993	0.993	0.994	0.994	0.994	0.994	0.994	0.995
0.940	0.995	0.995	0.995	0.995	0.995	0.996	0.996	0.996	0.996	0.996
0.950	0.996	0.996	0.997	0.997	0.997	0.997	0.997	0.997	0.997	0.998
0.960	0.998	0.998	0.998	0.998	0.998	0.998	0.998	0.998	0.998	0.999
0.970	0.999	0.999	0.999	0.999	0.999	0.999	0.999	0.999	0.999	0.999
0.980	0.999	0.999	1.000	1.000	1.000	1.000	1.000	1.000	1.000	1.000
0.990	1.000	1.000	1.000	1.000	1.000	1.000	1.000	1.000	1.000	1.000
1.000	1.000	1.000	1.000	1.000	1.000	1.000	1.000	1.000	1.000	1.000

(ii) Gegeben sind die Variogrammdaten einer porphyrischen Molybdän-Lagerstätte, die Varianz der Proben ist .81.

h	$\hat{\gamma}(h)$
200'	0,43
282'	0,57
400'	0,63
488'	0,75
564'	0,85
600'	0,85
800'	0,87
1000'	0,88
1200'	0,87
1400'	0,85
1600'	0,80

Es sind zu bestimmen: C_o, C, a und das theoretische Variogramm. Das Anpassen wird dem Leser als Übung überlassen.

(iii) Gegeben sind die Variogrammdaten einer Nickellagerstätte.

Abstand zwischen den Bohrproben	Empirisches Variogramm	Anzahl von Paaren
2	0.74	1222
4	1.10	1194
6	1.34	1186
8	1.58	1152
10	1.72	1137
12	1.81	1120
14	1.87	1095
16	1.90	1077
18	1.93	1055
20	1.92	1026
22	1.95	1011
24	2.01	990
26	2.09	969
28	2.16	950
30	2.25	919
32	2.29	899
34	2.38	886
36	2.35	860
38	2.36	848
40	2.39	825
42	2.48	814
44	2.52	787
46	2.56	779
48	2.55	767
50	2.49	750
52	2.59	736

54	2.61	722
56	2.64	705
58	2.68	689
60	2.62	675
62	2.52	657
64	2.59	639
66	2.53	628
68	2.47	612
70	2.56	597

Es ist zu entscheiden, ob ein einfaches oder zweifaches sphärisches Modell vorliegt.

Die Daten sind graphisch darzustellen, die Schwellenwerte und Reichweiten sind zu schätzen und das Variogrammodell zu berechnen und mit den empirischen Daten zu vergleichen.

- Die gegebenen Variogrammdaten werden in Fig. 4.9 eingetragen. Auf Grund der zwei Biegungen wird für ein zweifaches Variogrammodell

$$\gamma(h) = C_o + \gamma_1(h) + \gamma_2(h) = C_o + C_1[\frac{3}{2}(\frac{h}{a_1}) - (\frac{h}{a_1})^3] + C_2[\frac{3}{2}(\frac{h}{a_2}) - (\frac{h}{a_2})^3]$$

entschieden.

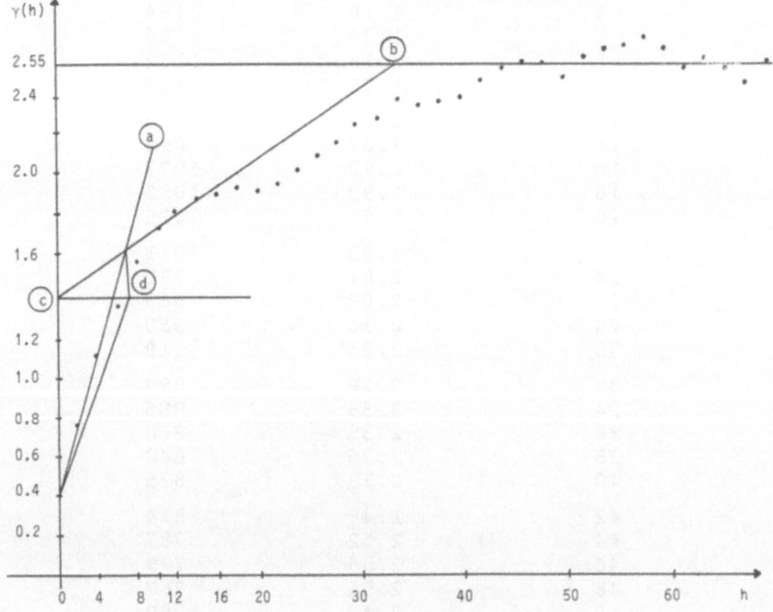

Fig. 4.9. Anpassung eines 2-fach geschachtelten Variogramms.

- (a) - Eine Gerade durch die beiden ersten Punkte des empirischen Variogramms lässt im Schnittpunkt mit der Ordinate auf ein $C_o = 0.4$ schliessen.

- (b) - Eine waagrechte Gerade durch den oberen, mehr oder weniger stabilen Teil des Variogramms liefert den gesamten Schwellenwert

$$C = C_o + C_1 + C_2 = 2.55.$$

Der Bereich von γ_2 liegt zwischen 46 und 54 m und wird als $a_2 = 50$ m gewählt, d.h. $2/3a_2 = 33.3$ m, womit der Punkt b festliegt.

- (c) - Die ungefähre Tangente von γ_2, parallel durch (b) verschoben, liefert im Schnittpunkt mit der Ordninate

$$C_o + C_1 = 1.4.$$

Daraus folgt $C_2 = C - C_o - C_1 = 2.55 - 1.4 = 1.15$ und $C_1 = 1.4 - 0.4 = 1.0$.

- (d) - Der Anteil von γ_2 am Gesamtvariogramm von der Tagente (a) abgezogen, liefert an der Schnittstelle mit der Geraden $C_o + C_2$ den Wert $\frac{2}{3}a_1 = 7$ m und somit $a_1 = 10.5$ m.

Mit den gefundenen Parametern ist der 1. Versuch der Anpassung abgeschlossen:

$$C_o = 0.4, \quad C_1 = 1.0, \quad C_2 = 1.15, \quad a_1 = 10.5 \text{ m}, \quad a_2 = 50 \text{ m}.$$

Man sollte das angepasste Variogramm berechnen und einzeichnen, und eventuell die Parameter modifizieren.

5. Varianzen und Regularisierung

5.1 Schätzfehler, Schätzvarianz

Üblicherweise bezeichnen wir mit z den wahren Wert einer Realisierung einer Zufallsvariablen Z und mit $\hat{z}$ einen geschätzten Wert. Der Schätzfehler ist sodann $z-\hat{z}$.

Jetzt betrachten wir einen Block V und einen dazugehörigen, wahren, mittleren Wert $z_V(x)$ von z im Block V mit Mittelpunkt $\underset{\sim}{x}$. Bezeichnet $\hat{z}_V(\underset{\sim}{x})$ eine Schätzung von $z_V(\underset{\sim}{x})$, so ist

$r(\underset{\sim}{x}) = z_V(\underset{\sim}{x})-\hat{z}_V(\underset{\sim}{x})$ der entsprechende Schätzfehler.

Angenommen, wir hätten V in gleich grosse Blöcke v_i mit Mittelpunkten $\underset{\sim}{x}_i$ geteilt. Dann wären die mittleren Werte in v_i gleich $z_v(\underset{\sim}{x}_i)$ und die Schätzfehler gleich $r(\underset{\sim}{x}_i) = z_v(\underset{\sim}{x}_i)-\hat{z}_v(\underset{\sim}{x}_i)$. Diese Werte von $r(\underset{\sim}{x}_i)$ können unter der Annahme der Stationarität als Realisierung der Zufallsvariablen $R(\underset{\sim}{x}_i)$ unabhängig von $\underset{\sim}{x}_i$ in V interpretiert werden. Alle "Realisierungen" können zur Untersuchung der Verteilung von R verwendet werden. Wenn nicht Histogramme gezeichnet werden können, so ist es zumindest möglich, Mittelwert $m_E = E(R(\underset{\sim}{x}))$ und Varianz $\sigma_E^2 = Var(R(\underset{\sim}{x}))$ der Verteilung zu ermitteln.

Bei einem erwartungstreuen (unverzerrten) Schätzer gilt

$$m_E = E(R(\underset{\sim}{x})) = 0 \quad \forall\ \underset{\sim}{x}.$$

Die Varianz

$$Var(R(\underset{\sim}{x})) = \sigma_E^2$$

wird als Varianz der Schätzung oder Schätzvarianz bezeichnet.

Die Verteilung der Schätzfehler in den montanistischen Anwendungen ist meist ungefähr normal, allerdings mit höheren Gipfeln und schwereren, dickeren Schwänzen: Das 95%-Konfidenzintervall für $z(\underset{\sim}{x}_i)$, $m_E \pm 2\,\sigma_E$ wird aber allgemein akzeptiert.

Bis jetzt sprachen wir von einem geschätzten Wert $\hat{z}(\underset{\sim}{x}_i)$. Wie kann ein Schätzer aussehen, der diese Schätzwerte als spezielle Realisierung liefert? Allgemein ist er eine Funktion

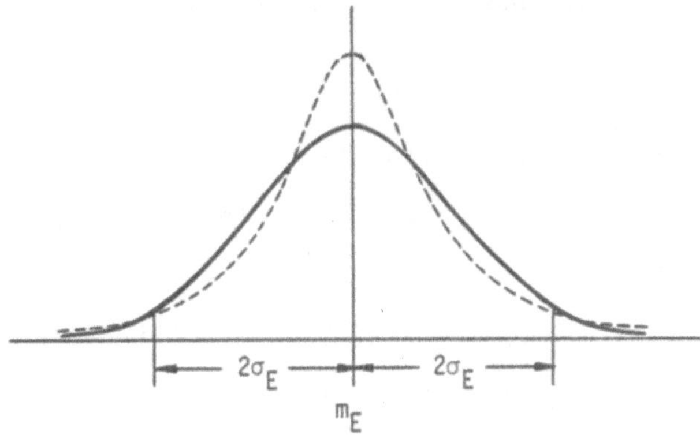

von n Zufallsvariablen, der Stichprobe, nämlich

$$\hat{Z} = f(Z(\underset{\sim}{x}_1),\ldots,Z(\underset{\sim}{x}_n)).$$

Die Funktion f wird durch bestimmte Forderungen eingeschränkt, z.B.

(i) durch die <u>Erwartungstreue</u> (<u>Unverzerrtheit</u>):

$$E(Z_V-\hat{Z}) = 0;$$

(ii) sollte die Schätzvarianz

$$\sigma_E^2 = E(Z_V-\hat{Z})^2 = E(Z_V{}^2)+E(\hat{Z}^2)-2E(Z_V\hat{Z})$$

leicht berechenbar sein. Daraus ergibt sich als einfachster Ansatz für einen Schätzer ein linearer:

$$\hat{Z} = \sum_{i=1}^{n} \lambda_i Z(\underset{\sim}{x}_i).$$

Nehmen wir "Stationarität 2. Ordnung" an. Dann interessiert uns die Schätzvarianz σ_E^2, wenn wir den Mittelwert von K unbekannten Werten

$$z_K = \frac{1}{K} \sum_{k=1}^{K} z(\underset{\sim}{x}_k)$$

schätzen wollen.

Die <u>einfachste</u> lineare Schätzung von z_K ist das Mittel der n zur Verfügung stehenden Werte

$$\hat{z}_K = \frac{1}{n} \sum_{i=1}^{n} z(\underset{\sim}{x}_i).$$

Diese Werte werden alle als Realisierungen der Zufallsvariablen Z interpretiert. Die Erwartungstreue ist erfüllt, weil

$EZ_K = \frac{1}{K} \sum_k EZ(\underset{\sim}{x}_k) = m$ und $E\hat{Z}_K = \frac{1}{n} \sum_i EZ(\underset{\sim}{x}_i) = m$

woraus folgt

$$E(Z_K - \hat{Z}_K) = 0.$$

Die Schätzvarianz schreibt sich als

$$\sigma_E^2 = E(Z_K - \hat{Z}_K)^2 = EZ_K{}^2 + E\hat{Z}_K{}^2 - 2EZ_K\hat{Z}_K$$

mit

$$\begin{aligned} EZ_K{}^2 &= \frac{1}{K^2} E\{ \sum_k \sum_{k'} Z(\underset{\sim}{x}_k) Z(\underset{\sim}{x}_{k'}) \} \\ &= \frac{1}{K^2} \sum_k \sum_{k'} E[Z(\underset{\sim}{x}_k) Z(\underset{\sim}{x}_{k'})] \\ &= \frac{1}{K^2} \sum_k \sum_{k'} [C(\underset{\sim}{x}_k - \underset{\sim}{x}_{k'}) + m^2], \end{aligned}$$

wobei $C(\underset{\sim}{x}_k - \underset{\sim}{x}_{k'})$ nur von der Differenz $\underset{\sim}{x}_k - \underset{\sim}{x}_{k'}$ abhängt. Ähnliches gilt für $\hat{Z}_K$

$$E\hat{Z}_K{}^2 = \frac{1}{n^2} \sum_i \sum_j [C(\underset{\sim}{x}_i - \underset{\sim}{x}_j) + m^2],$$

und weiters gilt

$$EZ_K\hat{Z}_K = \frac{1}{nK} \sum_k \sum_i [C(\underset{\sim}{x}_k - \underset{\sim}{x}_i) + m^2].$$

m^2 wird eliminiert und es bleibt

$$\sigma_E^2 = E(Z_k - \hat{Z}_k)^2 =$$

$$= \frac{1}{K^2} \sum_k \sum_{k'} C(\underset{\sim}{x}_k - \underset{\sim}{x}_{k'}) + \frac{1}{n^2} \sum_i \sum_j C(\underset{\sim}{x}_i - \underset{\sim}{x}_j) - 2\,\frac{1}{nK} \sum_k \sum_i C(\underset{\sim}{x}_k - \underset{\sim}{x}_i).$$

Bezeichnen wir die drei Summanden mit $\overline{C}((K),(K))$, $\overline{C}((n),(n))$ bzw. $\frac{1}{2}\overline{C}((K),(n))$. Diese sind Durchschnittswerte von C, wenn ein Ende des Vektors $\underset{\sim}{h}$ über einen Bereich strebt und das andere Ende über den anderen. Daher folgt

$$\sigma_E^2 = \overline{C}((K),(K)) + \overline{C}((n),(n)) - 2\overline{C}((K),(n)).$$

Hier wird das Mittel über K Punkte geschätzt. Die Verallgemeinerung auf den <u>stetigen</u> <u>Fall</u> ergibt sich leicht:

K Punkte ⟶ Bereich $V(\underset{\sim}{x})$

n Punkte ⟶ Bereich $v(\underset{\sim}{x}')$,

wobei $\underset{\sim}{x}$ bzw. $\underset{\sim}{x}'$ die Zentren der Bereiche bezeichnen. Dann wird

$$z_K \longrightarrow z_V(\underset{\sim}{x}) = \frac{1}{V} \int_{V(\underset{\sim}{x})} z(\underset{\sim}{y})\,d\underset{\sim}{y},$$

$$\hat{z}_K \longrightarrow \hat{z}_v(\underset{\sim}{x}') = \frac{1}{v} \int_{v(\underset{\sim}{x}')} \hat{z}(\underset{\sim}{y})d\underset{\sim}{y}.$$

$z_V(\underset{\sim}{x})$ und $\hat{z}_v(\underset{\sim}{x}')$ sind wieder Realisierungen von entsprechenden Zufallsvariablen, und die Schätzvarianz wird definiert durch

$$\sigma_E^2 = E(Z_V(\underset{\sim}{x})-\hat{Z}_v(\underset{\sim}{x}'))^2$$

$$= \frac{1}{V^2} \int_{V(\underset{\sim}{x})} \int_{V(\underset{\sim}{x})} C(\underset{\sim}{y}-\underset{\sim}{y}')d\underset{\sim}{y}d\underset{\sim}{y}' + \frac{1}{v^2} \int_{v(\underset{\sim}{x}')} \int_{v(\underset{\sim}{x}')} C(\underset{\sim}{y}-\underset{\sim}{y}')d\underset{\sim}{y}d\underset{\sim}{y}'$$

$$- \frac{2}{Vv} \int_{V(\underset{\sim}{x})} \int_{v(\underset{\sim}{x}')} C(\underset{\sim}{y}-\underset{\sim}{y}')d\underset{\sim}{y}'d\underset{\sim}{y}.$$

Einfache Bezeichnungen für die entsprechenden Mittelwerte liefern den Ausdruck

$$\sigma_E^2 = \overline{C}(V,V)+\overline{C}(v,v)-2\overline{C}(V,v), \tag{5.1}$$

wobei $\overline{C}$ durchschnittliche Kovarianzen zwischen den entsprechenden Bereichen bezeichnen.

Wenn die Kovarianz existiert, existiert auch γ, das Semi-Variogramm, und wegen

$$C(\underset{\sim}{h}) = C(\underset{\sim}{0}) - \gamma(\underset{\sim}{h})$$

gilt

$$\sigma_E^2 = 2\overline{\gamma}(V,v) - \overline{\gamma}(V,V) - \overline{\gamma}(v,v). \tag{5.2}$$

$\overline{\gamma}(V,v)$ repräsentiert den Durchschnittswert, wenn ein Ende von $\underset{\sim}{h}$ in V und ein Ende in v variiert.

<u>Bemerkung 1</u>: Die Schätzvarianz von V durch v wird manchmal als Varianz der Erweiterung von v auf V oder "<u>Erweiterungsvarianz</u>" von v auf V bezeichnet: $\sigma_E^2(v/V)$.

<u>Bemerkung 2</u>: Die 2 vorigen Formeln für σ_E^2 gelten ganz allgemein für beliebige Bereiche V, v. Sie können gemeinsame Teile aufweisen oder auch aus mehreren getrennten Bereichen bestehen.

<u>Bemerkung 3</u>: Beschränkt man beide Bereiche V, v auf 2 Punkte $\underset{\sim}{x}$ und $\underset{\sim}{x}+\underset{\sim}{h}$, so erhält man eine Interpretation des Variogramms als Schätzvarianz:

$$\sigma_E^2 = 2\,\gamma(\underset{\sim}{h}) = E(Z(\underset{\sim}{x}+\underset{\sim}{h})-Z(\underset{\sim}{x}))^2$$

<u>Bemerkung 4</u>: Die Qualität der Schätzung von V durch v wird folgendermassen beeinflusst:

(i) Nachdem $\gamma(|\underset{\sim}{h}|)$ mit $|\underset{\sim}{h}|$ im allgemeinen wächst, wird $\overline{\gamma}(V,V)$ mit der Grösse von V wachsen und damit σ_E^2 sich verkleinern. D.h. V ist leichter zu schätzen, wenn es grösser ist. Ausserdem hängt σ_E^2 von der Form von V ab.

(ii) Der Abstand von V und v geht direkt in σ_E^2 ein.

(iii) Die Form von v geht ein: Je grösser v, desto kleiner ist σ_E^2. Allerdings wird bei gleicher Grösse von v die Form von v eine Rolle spielen. Das heisst, die Konfiguration

wird V besser schätzen als

Dieser intuitive Begriff sollte hier direkt in die Rechnung eingehen, er spielt aber z.B. keine Rolle bei Methoden wie "inverses Gewichten der Abstände".

(iv) Die Qualität der Schätzung sollte von der Struktur (Anisotropie) der Regionalisierung abhängen. Dies wird durch das Semi-Variogramm ausgedrückt.

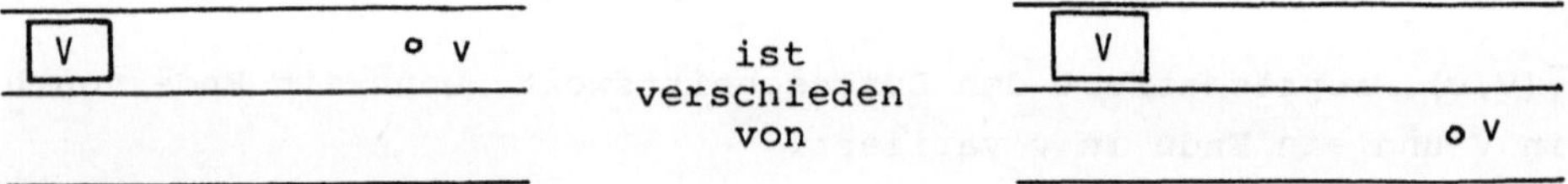

<u>Bemerkung 5:</u> Die obigen Formeln gelten auch für den Fall der Schätzung eines Mittelwertes eines Blockes V, wobei eine allgemeine Linearkombination der Daten an den Punkten x_i genommen wird: Wir bekommen in diesem Fall

$$Z_V = \frac{1}{V} \int_{V(\underset{\sim}{x})} Z(\underset{\sim}{y})dy, \qquad \hat{Z}_V = \sum_{i=1}^{n} \lambda_i Z(\underset{\sim}{x}_i).$$

Aus der Eigenschaft der Erwartungstreue erhalten wir

$$E(\hat{Z}_V) = \sum_i \lambda_i EZ(\underset{\sim}{x}_i) = m\Sigma\lambda_i = E(Z_V) = m,$$

d.h.

$$\sum_i \lambda_i = 1.$$

Die Schätzvarianz errechnet sich als

$$\sigma_E^2 = E\{Z_V-\hat{Z}_V\}^2 = 2 \sum_i \lambda_i \, \overline{\gamma}(\underset{\sim}{x}_i,V) - \overline{\gamma}(V,V) - \sum_i \sum_j \lambda_i \, \lambda_j \, \gamma(\underset{\sim}{x}_i-\underset{\sim}{x}_j).$$

Dies ist eine lineare Funktion der Gewichte λ_i, die so gewählt werden sollten, dass σ_E^2 ein Minimum wird. Der resultierende Schätzer mit diesen "optimalen" Gewichten λ_i wird <u>Krige-Schätzer</u> genannt. Dieser Schätzer ist also linear, hat minimale Varianz (d.h. ist effizient unter den linearen Schätzern) und ist erwartungstreu: Man wählt dafür häufig die englische Abkürzung BLUE (best linear unbiased estimator). Mit der obigen Formel lässt sich ausserdem die Schätzvarianz eines beliebigen Schätzers wie z.B. des "Schätzers mit inverser Abstands-Gewichtung" berechnen. Daraus sieht man, dass die Berechnung des Variogramms auf alle Fälle sehr nützlich ist.

<u>Beispiel 5.1:</u> ([6]) Kupferlager in Chuqicamata, Chile. Der mittlere Kupferanteil eines Blocks V (20 m x 20 m x 13 m) soll durch die Daten der 9 benachbarten, abgebauten Blöcke geschätzt werden (Kurzzeitplanung). Die Schätzung soll durch gewichtetes Mittel erfolgen, wobei die Gewichte so gewählt werden, dass die Schätzvarianz minimal wird (Krige-Schätzer). Als nächstes wurde V abgebaut und der gemessene durchschnittliche Wert über 6 Sprengbohrungen als der wahre genommen. Dadurch lässt sich der Schätzfehler überprüfen.

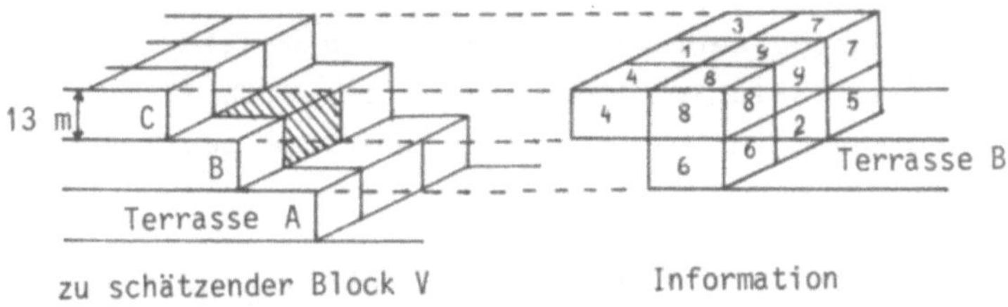

Ein Testbereich mit homogener Mineralisierung wurde ausgewählt, und 397 Blöcke wurden untersucht. Daraus ergab sich das folgende Histogramm des Fehlers $(Z_V-\hat{Z}_V)$. Der Mittelwert wurde als +.01% $(\tilde{}E(Z_V-\hat{Z}_V))$ berechnet und Erwartungstreue bei einem mittleren Kupferanteil von 2% angenommen. Als empirische Varianz der 397 Fehler erhielt man .273 $(\%\ Cu)^2$ und die geschätzte Varianz (letzte Formel) über die Variogramme als .261 $(\%\ Cu)^2$. Die

Schätzvarianz wurde also mit ca. 4% Genauigkeit vorhergesagt:

$$\frac{.273-.261}{.273} = .04.$$

Die Dichte der Normalverteilung in der Skizze gibt wieder das erwähnte Bild von früher: Unterschätzung von kleinen Fehlern ($\pm$ .5% Cu), aber ebenfalls der grossen Fehler, sodass das 95%-Intervall ungefähr stimmt.

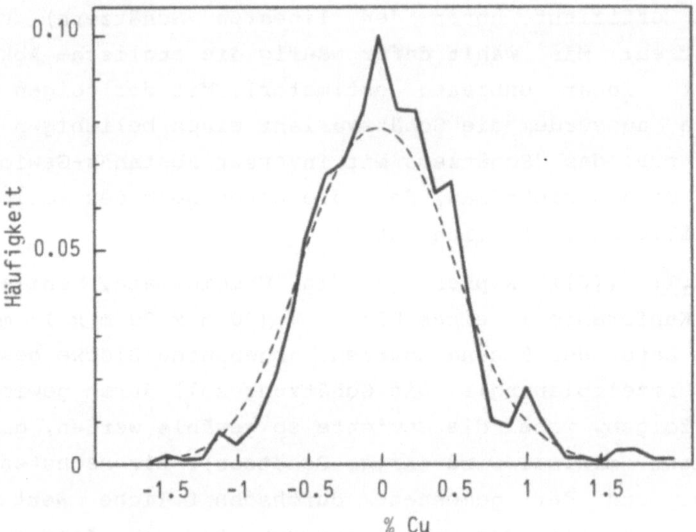

5.2 Streuungsvarianz (dispersion variance)

Es hilft zu wenig, wenn man nur über den mittleren Wert einer regionalisierten Variablen Bescheid weiss. Wichtig ist auch die Variabilität über den Raum, also über die gestreuten Werte: daher der Name Streuungsvarianz.

Sei V ein bestimmter Block mit Zentrum $\underset{\sim}{x}$, der in N gleich grosse Blöcke $v(\underset{\sim}{x}_i)$ mit Zentren $\underset{\sim}{x}_i$ aufgeteilt ist:

$$V = \sum_{i=1}^{N} v(\underset{\sim}{x}_i) = Nv.$$

$z_v(\underset{\sim}{x}_i)$ und $z_V(\underset{\sim}{x})$ bezeichnen wieder Mittelwerte über die entsprechenden Bereiche, nämlich

$$z_v(\underset{\sim}{x}_i) = \frac{1}{v} \int_{v(\underset{\sim}{x}_i)} z(\underset{\sim}{y})\,d\underset{\sim}{y}$$

V	v			

$$z_V(\underset{\sim}{x}) = \frac{1}{V} \int_{V(\underset{\sim}{x})} z(\underset{\sim}{y})d\underset{\sim}{y}.$$

Daraus folgt $z_V(\underset{\sim}{x}) = \frac{1}{N} \sum_{i=1}^{N} z_v(\underset{\sim}{x}_i)$ (weil alle v's als gleich gross genommen wurden). Bei jedem Punkt $\underset{\sim}{x}_i$ ergibt sich die Abweichung

$$z_v(\underset{\sim}{x}_i) - z_V(\underset{\sim}{x})$$

und die mittlere quadratische Abweichung

$$s^2(\underset{\sim}{x}) = \frac{1}{N} \sum_{i=1}^{N} (z_v(\underset{\sim}{x}_i) - z_V(\underset{\sim}{x}))^2.$$

Von $z_v(\underset{\sim}{x}_i)$ kann natürlich wieder ein Histogramm erstellt werden, das einen Hinweis auf die Verteilung dieser Grösse gibt. Wir interpretieren $s^2(\underset{\sim}{x})$ als Realisierung einer Zufallsvariablen

$$S^2(\underset{\sim}{x}) = \frac{1}{N} \sum_{i} (Z_v(\underset{\sim}{x}_i) - Z_V(\underset{\sim}{x}))^2.$$

Sie stellt im wesentlichen die empirische Varianz dar, allerdings über den Raum verteilt, gestreut: Wir sprechen von der theoretischen Streuungsvarianz

$$\sigma_D^2(v/V) = E[S^2(\underset{\sim}{x})] = E\{\frac{1}{N} \sum_{i} [Z_v(\underset{\sim}{x}_i) - Z_V(\underset{\sim}{x})]^2\}. \qquad (5.3)$$

$S^2(\underset{\sim}{x})$ hängt noch vom Ort $\underset{\sim}{x}$ ab, dagegen $\sigma_D^2(v/V)$ unter der Annahme der Stationarität 2. Ordnung nicht mehr.

Lässt man v immer kleiner und N immer grösser werden und führt einen Grenzübergang durch, so gehen die Summen in Integrale über, und wir erhalten

$$\sigma_D^2(v/V) = E\{\frac{1}{V} \int_{V(\underset{\sim}{x})} [Z_v(\underset{\sim}{y}) - Z_V(\underset{\sim}{x})]^2 d\underset{\sim}{y}\},$$

woraus nach Vertauschung des Integrals mit der Erwartungsbildung folgt

$$\begin{aligned} \sigma_D^2(v/V) &= \frac{1}{V} \int_{V(\underset{\sim}{x})} E[Z_v(\underset{\sim}{y}) - Z_V(\underset{\sim}{x})]^2 d\underset{\sim}{y} \\ &= \frac{1}{V} \int_{V(\underset{\sim}{x})} \sigma_E^2(v(\underset{\sim}{y})/V(\underset{\sim}{x}))d\underset{\sim}{y}. \end{aligned} \qquad (5.4)$$

Die Streuungsvarianz erscheint also als Mittelwert der Schätzvarianz über den Bereich V.

Berechnung der Streuungsvarianz $\sigma_D^2(v/V)$

Die Schätzvarianz in der Mittelwertbildung (5.4) kann in Termen der Kovarianz als

$$\sigma_E^2(v(\underset{\sim}{y})/V(\underset{\sim}{x})) = \overline{C}(V(\underset{\sim}{x}),V(\underset{\sim}{x}))+\overline{C}(v(\underset{\sim}{y}),v(\underset{\sim}{y}))-2\overline{C}(V(\underset{\sim}{x}),v(\underset{\sim}{y}))$$

geschrieben werden. Wegen der Annahme der Stationarität hängt $\overline{C}(V(\underset{\sim}{x}),V(\underset{\sim}{x}))$ nur von der Form von V ab, nicht jedoch von der Lage $\underset{\sim}{x}$. Wir haben also $\overline{C}(V(\underset{\sim}{x}),V(\underset{\sim}{x})) = \overline{C}(V,V)$ und analog $\overline{C}(v(\underset{\sim}{y}),v(\underset{\sim}{y})) = \overline{C}(v,v)$, sodass gilt

$$\frac{1}{V}\int_{V(\underset{\sim}{x})} [\overline{C}(V(\underset{\sim}{x}),V(\underset{\sim}{x}))+\overline{C}(v(\underset{\sim}{y}),v(\underset{\sim}{y}))d\underset{\sim}{y} = \overline{C}(V,V)+\overline{C}(v,v)$$

und

$$\frac{1}{V}\int_{V(\underset{\sim}{x})} \overline{C}(V(\underset{\sim}{x}),v(\underset{\sim}{y}))d\underset{\sim}{y} = \overline{C}(V,V).$$

Daraus folgt die einfache Berechnungsformel für σ_D^2

$$\sigma_D^2(v/V) = \overline{C}(v,v)-\overline{C}(V,V) \tag{5.5}$$

und in Termen des Semi-Variogramms

$$\sigma_D^2(v/V) = \overline{\gamma}(V,V)- \overline{\gamma}(v,v). \tag{5.6}$$

Man sieht sofort die Eigenschaft, dass die Streuungsvarianz mit der Grösse von V vergrössert und mit der Grösse von v verkleinert wird.

Beispiel 5.2: Kupferlager in Chuquicamata wie vorhin. Jeder Block V enthält 6 Sprenglöcher, woher die "theoretischen" Werte stammen. In einem Testbereich B von 410 m x 160 m wurden 160 Blöcke und dabei also ca. 1000 Sprenglöcher untersucht. Mit diesen Daten wurden 3 Berechnungen über die Verteilung angestellt.

(i) Die Streuungsvarianz $\sigma_D^2(v/V)$ der Werte in den Sprenglöchern v über den Bereich V (= Testbereich B) wurde errechnet, und ein Histogramm der Werte z_v in v erstellt, das im nächsten Bild dargestellt ist. Als Mittel ergab sich $\bar{x}$ = 2.12% Cu und als Varianz s^2 = 0.939 (% Cu)^2. Eine angepasste lognormal-Verteilung mit gleichem Mittel und gleicher Varianz wird ebenfalls dargestellt. Man sieht, dass die Anpassung - besonders in den Extremitäten - nicht ganz befriedigend verläuft (dies wäre noch besser auf logarithmischem Wahrscheinlichkeitspapier zu sehen). Die berechnete Streuungsvarianz $\sigma_D^2(v/V)$ mit Hilfe der Variogramme beträgt $\sigma_D^2(v/V)$ = .92, die s^2 = .939 ziemlich gut approximiert.

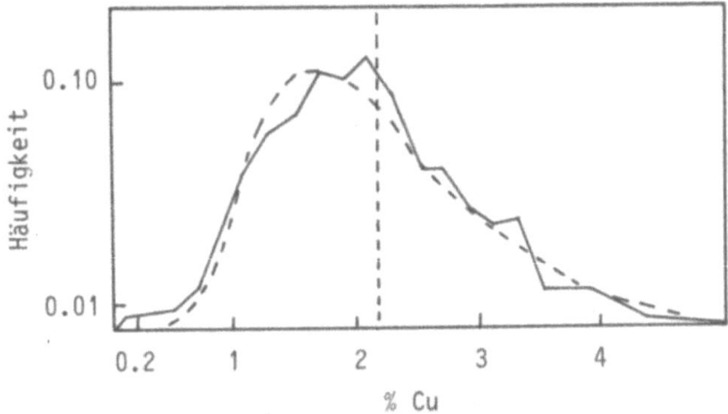

(ii) Ein ähnliches Histogramm mit den Durchschnittswerten z_V über die Blöcke wurde erstellt. Der errechnete Mittelwert über den ganzen Bereich B beträgt m = 2.16% Cu und die Varianz s^2 = 0.346 (% Cu)^2. Die Anpassung einer lognormal-Verteilung ist weit besser. Die aus Variogrammen berechnete Streuungsvarianz ergab sich als σ_D^2 = .37.

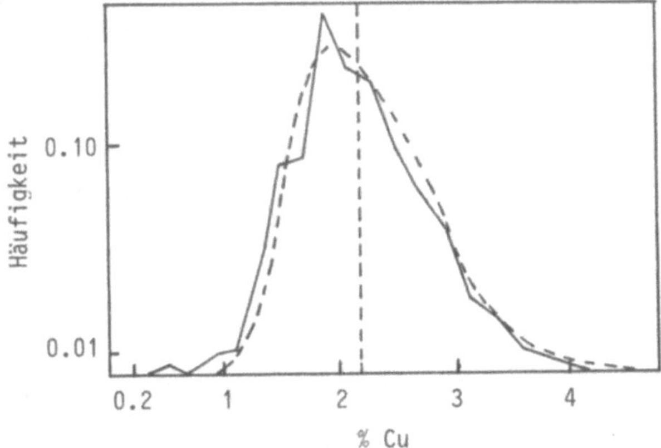

(iii) Jeweils 2 benachbarte Blöcke in N-S-Richtung wurden zusammengefasst (40 m x 20 m x 13 m) und die gleichen Rechnungen angestellt. Die gefundenen Werte betragen: $\hat{m} = 2.17$, $s^2 = 0.269$, $\sigma_D^2 = .287$. Die Anpassung einer lognormal-Verteilung erscheint allerdings sehr unbefriedigend. Als Schlussfolgerung bemerken wir, dass die Verteilung stark von der Aufteilung des Bereiches in Blöcke abhängt.

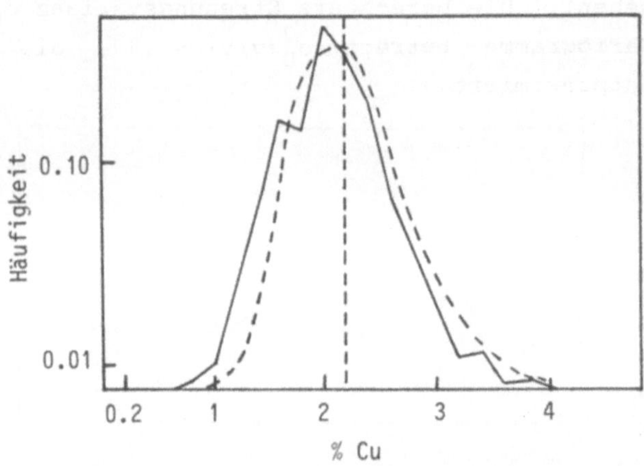

5.3 Regularisierung

Bei allen geostatistischen Berechnungen finden Variogramme Verwendung, die eine punktförmige Stützung aufweisen, d.h. das Probenvolumen muss punktförmig sein. Ist ein Variogramm z.B. aus Kernabschnitten der Länge ℓ entlang der Bohrlochachse bestimmt worden, dann tritt eine <u>Vergleichmässigung</u> oder <u>Regularisierung</u> der Messwerte ein, die durch das Volumen der Kernabschnitte entstanden ist. Wenn die Länge der Abschnitte relativ zur Reichweite a des Variogramms klein ist, kann man diesen Effekt vernachlässigen und das Variogramm $\gamma(h)$ als <u>Punktvariogramm</u> verwenden. Ist dies nicht der Fall, muss eine Korrektur angebracht werden.

Nehmen wir nun an, dass die Daten $z(\underset{\sim}{x})$ nicht auf punktförmigen Trägern $\underset{\sim}{x}$ sondern auf Volumina $v(\underset{\sim}{x})$ einer gewissen Ausdehnung mit Zentrum $\underset{\sim}{x}$ als Durchschnittswert $z_v(\underset{\sim}{x})$ gegeben sind. Die entsprechende Zufallsvariable $Z_v(\underset{\sim}{x})$ erhält man als

Durchschnittswert

$$Z_v(\underset{\sim}{x}) = \frac{1}{v} \int_{v(\underset{\sim}{x})} Z(\underset{\sim}{y})d\underset{\sim}{y}.$$

Weist Z Stationarität 2. Ordnung auf, so kann gezeigt werden, dass die regularisierte Zufallsfunktion Z_v ebenfalls stationär 2. Ordnung ist. Daher gilt

$$E(Z_v(\underset{\sim}{x})) = m \quad \text{für alle } \underset{\sim}{x},$$

und ein Variogramm wird als

$$2\,\gamma_v(\underset{\sim}{h}) = E[Z_v(\underset{\sim}{x}+\underset{\sim}{h})-Z_v(\underset{\sim}{x})]^2$$

definiert. Um dieses <u>regularisierte</u> Variogramm zu untersuchen, interpretieren wir es als Varianz σ_E^2 der Schätzung des mittleren Wertes $Z_v(\underset{\sim}{x})$ in v durch den mittleren Wert $Z_v(\underset{\sim}{x}+\underset{\sim}{h})$. Die allgemeine Formel für die Schätzvarianz (5.2) liefert

$$2\,\gamma_v(\underset{\sim}{h}) = 2\overline{\gamma}(v(\underset{\sim}{x}),v(\underset{\sim}{x}+\underset{\sim}{h})) - \overline{\gamma}(v(\underset{\sim}{x}),v(\underset{\sim}{x})) - \overline{\gamma}(v(\underset{\sim}{x}+\underset{\sim}{h}),v(\underset{\sim}{x}+\underset{\sim}{h})).$$

Wegen der Stationarität sind die beiden letzten Terme aber gleich, und wir erhalten

$$\gamma_v(\underset{\sim}{h}) = \overline{\gamma}(v,v_{\underset{\sim}{h}})-\overline{\gamma}(v,v),$$

wobei $v_{\underset{\sim}{h}}$ den um $\underset{\sim}{h}$ verschobenen Träger v bezeichnet.

<u>Bemerkung</u>: Wenn der Abstand $\underset{\sim}{h}$ relativ zur Dimension der Stützung v gross ist, dann wird der Durchschnittswert $\overline{\gamma}(v,v_{\underset{\sim}{h}})$ ungefähr gleich dem Punkt-Semivariogramm $\gamma(\underset{\sim}{h})$, und wir erhalten die Approximation

$$\gamma_v(\underset{\sim}{h}) = \gamma(\underset{\sim}{h}) - \overline{\gamma}(v,v).$$

Dies bedeutet, dass bei grossen Distanzen von $(\underset{\sim}{h})$ einfach ein

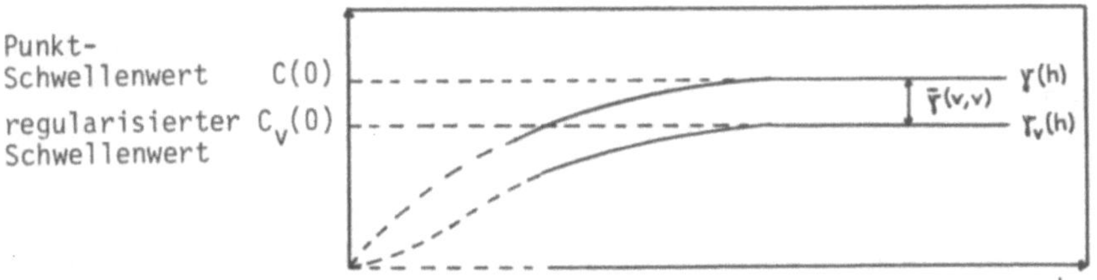

konstanter Term $\overline{\gamma}(v,v)$ abgezogen wird, um das regularisierte Semivariogramm zu erhalten.

Regularisierung durch Kernabschnitte in einem Bohrloch

Wir betrachten nur diesen, in der Praxis häufig vorkommenden, einfachen Spezialfall, wobei die Regularisierung nur entlang einer Richtung (der des Bohrloches) stattfindet. Alle Kernstücke hätten gleiche Länge ℓ und gleiche Querschnitte s.

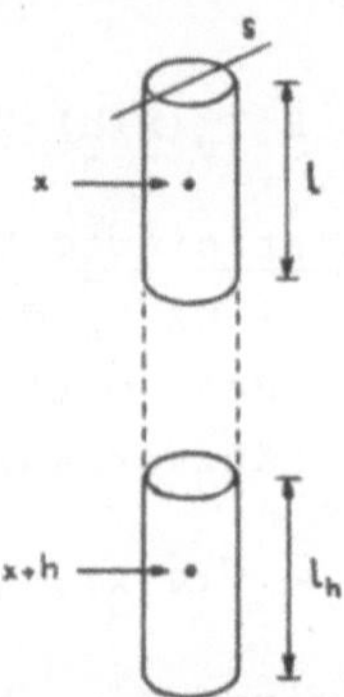

Die regularisierte Zufallsfunktion $Z_v(\underset{\sim}{x})$ über dem Volumen der Stützung $v = s \times \ell$ ist

$$Z_v(\underset{\sim}{x}) = \frac{1}{v} \int_{v(\underset{\sim}{x})} Z(\underset{\sim}{y})dy.$$

Wenn der Durchmesser des Kernabschnittes gegenüber der Länge klein ist, kann die Regularisierung über den Querschnitt vernachlässigt werden und es bleibt ein einfaches Integral

$$Z_v(\underset{\sim}{x}) \doteq Z_\ell(\underset{\sim}{x}) = \frac{1}{\ell} \int_{\ell(\underset{\sim}{x})} Z(y)dy.$$

Das regularisierte Semivariogramm schreibt sich dann als

$$\gamma_\ell(\underset{\sim}{h}) = \frac{1}{2}E[Z_\ell(\underset{\sim}{x}+\underset{\sim}{h})-Z_\ell(\underset{\sim}{x})]^2 = \overline{\gamma}(\ell,\ell_{\underset{\sim}{h}}) - \overline{\gamma}(\ell,\ell).$$

Diese Terme lassen sich für einfache Variogramme leicht berechnen. Im Falle des linearen Modells

$$\gamma(\underset{\sim}{h}) = |\underset{\sim}{h}| = r,$$

wobei nun r den Abstand der Zentren der Kerne bezeichnet,

errechnet sich der erste Term als

$$\overline{\gamma}(\ell,\ell_{\underline{h}}) = \frac{1}{\ell^2}\int_0^{\ell}\int_r^{r+\ell} |u-u'|du'du.$$

Zwei Fälle müssen unterschieden werden:

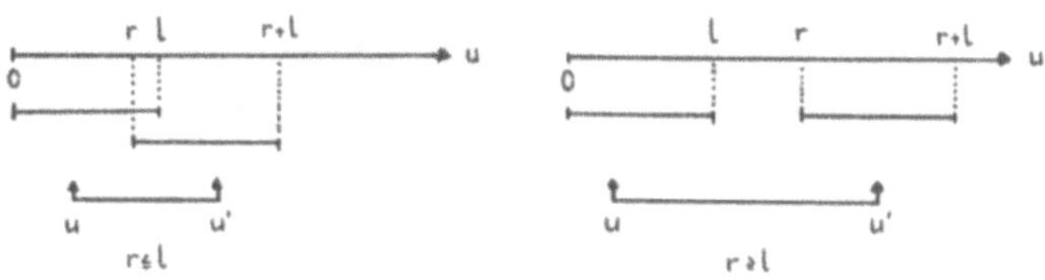

(i) $|\underline{h}| \leq \ell$:

$$\ell^2\overline{\gamma}(\ell,\ell_{\underline{h}}) = \int_0^{r}\int_r^{r+\ell} (u'-u)du'du + \int_r^{\ell}[\int_r^{u}(u-u')du' + \int_u^{r+\ell} (u'-u)du']du.$$

Diese einfachen Integrale ergeben

$$\overline{\gamma}(\ell,\ell_{\underline{h}}) = \frac{1}{3}\frac{r^2}{\ell^2}(3\ell - r) + \frac{\ell}{3}$$

und als Spezialfall mit $|\underline{h}| = 0$: $\overline{\gamma}(\ell,\ell) = \frac{\ell}{3}$.

(ii) $|\underline{h}| \geq \ell$:

$$\ell^2\overline{\gamma}(\ell,\ell_{\underline{h}}) = \int_0^{\ell}\int_r^{r+\ell} (u'-u)du'du = r\ell^2,$$

sodass $\overline{\gamma}(\ell,\ell_{\underline{h}}) = r$ für $|\underline{h}| \geq \ell$.

Die Formeln ergeben zusammengefasst

$$\gamma_\ell(\underline{h}) = \begin{cases} \frac{r^2}{3\ell^2}(3\ell - r) & r = |\underline{h}| \in [0,\ell] \\ r - \ell/3 & r \geq \ell. \end{cases}$$

Man bemerkt, dass γ_ℓ für $|\underline{h}| \geq \ell$ (und nur solche Werte sind praktisch beobachtbar) ebenfalls linear ist. Der gegen den Ursprung projizierte Wert $-\ell/3$ wird auch "pseudo-negativer Nugget-Effekt" genannt.

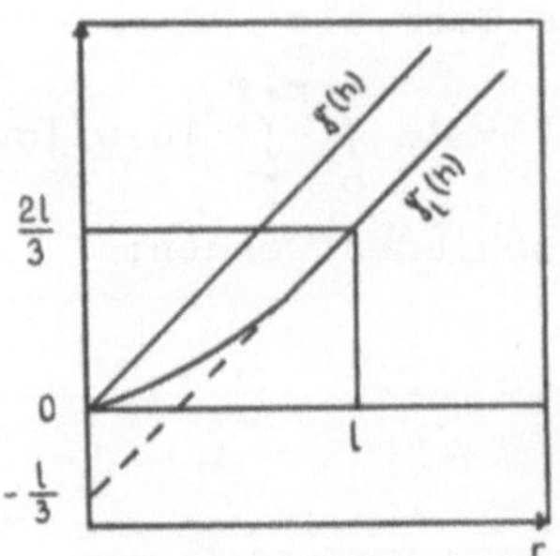

Im vorigen Fall der Probenahme entlang von Bohrlöchern und bei Verwendung des einfachen linearen Variogramms war die analytische Berechnung des regularisierten Variogramms relativ leicht möglich. Für kompliziertere Fälle stehen in der Praxis grösstenteils Kurvenblätter zur Verfügung.

6. Schätzung von Ressourcen

Unter lokalem Schätzen (im Gegensatz zum globalen) versteht man das Schätzen des Mittelwertes einer regionalisierten Variablen in einem begrenzten Bereich, der relativ klein zu einer stationären Zone einer Lagerstätte ist. Wir wollen nur das Problem des lokalen Schätzens streifen, wobei allerdings nur geprüft wird, wie gross der Mittelwert (mit seiner statistischen Genauigkeit) der betrachteten Variablen ist. Wenn die Variable die Menge oder den Gehalt eines bestimmten Minerals darstellt, wird allerdings nichts über die abbaufähige Menge ausgesagt.

Die zur Verfügung stehende Information besteht im allgemeinen aus einem Datensatz (z.B. n Messungen der Variablen) und Angaben über die Struktur (z.B. ein Modell des Variogramms). Wir werden den einfachsten Krige-Schätzer (benannt nach dem südafrikanischen Geostatistiker D.G. Krige) besprechen, der die gesuchte Grösse mit den gegebenen Daten "linear, am besten und erwartungstreu" schätzt.

Den Eigennamen "Krige" findet man selten so häufig in der wissenschaftlichen Literatur. Er wird auch in "alle möglichen Richtungen" dekliniert. Als entsprechendes Zeitwort verwenden wir "krigen", eine Lagerstätte wird "gekrigt", ein "Kriging" wird durchgeführt (aus dem Englischen, in dem es mindestens in zwei Arten ausgesprochen wird), im Französischen heisst es "krigeage", und dem Nagel auf den Kopf dürfte wohl mit dem Wort "krigeln" ([10]) getroffen worden sein. Es gibt auch ein "Krige-System", eine "Krige-Matrix" und eine "Krige-Varianz".

6.1 Der Krige-Schätzer

Betrachten wir die regionalisierte Variable $Z(\underset{\sim}{x})$ und nehmen an, dass die Erwartung

$$E(Z(\underset{\sim}{x})) = m$$

von $\underset{\sim}{x}$ unabhängig ist, und dass entweder die Kovarianz

$$E[(Z(\underset{\sim}{x}+\underset{\sim}{h})-m)(Z(\underset{\sim}{x})-m)] = C(\underset{\sim}{h})$$

oder das Variogramm

$$E[Z(\underset{\sim}{x}+\underset{\sim}{h})-Z(\underset{\sim}{x})]^2 = 2\,\gamma(\underset{\sim}{h})$$

existiert (Stationarität 2. Ordnung oder die wesentliche Hypothese sollte gelten). Die Aufgabe ist die Schätzung des mittleren Wertes

$$Z_V(\underset{\sim}{x}_o) = \frac{1}{V} \int_{V(\underset{\sim}{x}_o)} Z(\underset{\sim}{x})d\underset{\sim}{x}$$

in einem Bereich $V(\underset{\sim}{x}_o)$ mit Zentrum $\underset{\sim}{x}_o$.

Bezeichnen wir die n gegebenen Datenpunkte mit z_i, i = 1,...,n, die i.a. bereits Mittelwerte über kleine Bereiche v_i sein werden. Diese Werte werden als Realisierungen der Zufallsvariablen Z_i interpretiert und es gilt: $E(Z_i) = m$ für alle i. Der lineare Schätzer von Z_V stellt sich als Linearkombination der Z_i dar, nämlich als

$$\hat{Z}_V = \sum_{i=1}^{n} \lambda_i Z_i.$$

Die Gewichte λ_i müssen so gewählt werden, dass $\hat{Z}_V$ erwartungstreu ist und minimale Varianz aufweist.

(a) Erwartungstreue

Aus der Bedingung der Erwartungstreue

$$E(\hat{Z}_V) = \sum_i \lambda_i EZ_i = m \sum_i \lambda_i = EZ_V = m$$

folgt für die Gewichte λ_i

$$\sum_{i=1}^{n} \lambda_i = 1.$$

(b) Minimale Schätzvarianz

Rechnen wir zunächst die Schätzvarianz $E(Z_V-\hat{Z}_V)^2$ aus. Wir haben

$$E(Z_V-\hat{Z}_V)^2 = EZ_V^2-2E(Z_V\hat{Z}_V)+E\hat{Z}_V^2,$$

wobei mittels Durchschnittsbildung folgt

$$EZ_V^2 = \frac{1}{V^2}\int_V \int_V E(Z(\underset{\sim}{x})Z(\underset{\sim}{x}'))d\underset{\sim}{x}'d\underset{\sim}{x} = \overline{C}(V,V)+m^2,$$

$$E(Z_V\hat{Z}_V) = \sum_i \frac{1}{Vv_i}\int_V \int_{v_i} E(Z(\underset{\sim}{x})Z(\underset{\sim}{x}'))d\underset{\sim}{x}'d\underset{\sim}{x} = \sum_i \lambda_i\, \overline{C}(V,v_i)+m^2$$

und

$$E\hat{Z}^2 = \sum_i \sum_j \lambda_i \lambda_j \frac{1}{v_i v_j} \int_{v_i} \int_{v_j} E(Z(\underset{\sim}{x})Z(\underset{\sim}{x}')d\underset{\sim}{x}'d\underset{\sim}{x}$$

$$= \sum_i \sum_j \lambda_i \lambda_j \overline{C}(v_i,v_j) + m^2.$$

Beim Zusammenfassen der 3 Terme fällt m^2 weg und wir erhalten

$$\sigma_E^2 = E(Z_V - \hat{Z}_V)^2 = \overline{C}(V,V) - 2\sum_i \lambda_i \overline{C}(V,v_i) + \sum_i \sum_j \lambda_i \lambda_j \overline{C}(v_i,v_j).$$

Der Ausdruck für σ_E^2 soll nun minimiert werden unter der Bedingung $\Sigma\lambda_i = 1$, der Erwartungstreue. Am einfachsten geschieht dies durch die Verwendung des Lagrange'schen Multiplikator μ, sodass

$$\sigma_E^2 - 2\mu(\sum_i \lambda_i - 1)$$

bezüglich λ_i und μ minimiert werden soll. Die Ableitungen nach λ_i und μ müssen verschwinden, sodass wir ein System von n+1 Gleichungen mit n+1 Unbekannten erhalten:

$$\boxed{\begin{aligned} \sum_{j=1}^{n} \lambda_j \overline{C}(v_i,v_j) - \mu &= \overline{C}(V,v_i),\ i=1,\dots,n, \\ \sum_{j=1}^{n} \lambda_j &= 1. \end{aligned}}$$

Dieses System heisst auch Krige-System. Die minimale Schätzvarianz, oder auch Krige-Varianz, bekommt man nun durch Einsetzen der Lösungen für λ_i als

$$\sigma_K^2 = \min E(Z_V - \hat{Z}_V)^2 = \overline{C}(V,V) + \mu - \sum_{i=1}^{n} \lambda_i \overline{C}(v_i,V).$$

Wegen des direkten Zusammenhangs zwischen der Kovarianz und dem Variogramm lassen sich Krige-System und Krige-Varianz auch in Termen des Variogramms schreiben:

$$\sum_j \lambda_j \overline{\gamma}(v_i,v_j) + \mu = \overline{\gamma}(v_i,V),\ i=1,\dots,n,$$

$$\sum_j \lambda_j = 1$$

$$\sigma_K^2 = \sum_{i=1}^{n} \lambda_i \overline{\gamma}(v_i,V) + \mu - \overline{\gamma}(V,V).$$

(c) Matrixform

Die linearen Gleichungen des Krige-Systems lassen sich einfacher mit Matrizen darstellen. Bezeichnen wir mit K die "Krige-Matrix"

$$K = \begin{pmatrix} \bar{C}(v_1,v_1) & \dots & \bar{C}(v_1,v_j) & \dots & \bar{C}(v_1,v_n) & 1 \\ \cdot & & & & & \\ \cdot & & & & & \\ \cdot & & & & & \\ \bar{C}(v_i,v_1) & \dots & \bar{C}(v_i,v_j) & \dots & \bar{C}(v_i,v_n) & 1 \\ \cdot & & & & & \\ \cdot & & & & & \\ \cdot & & & & & \\ \bar{C}(v_n,v_1) & \dots & \bar{C}(v_n,v_j) & \dots & \bar{C}(v_n,v_n) & 1 \\ 1 & & 1 & & 1 & 0 \end{pmatrix}$$

und mit $\underset{\sim}{\lambda}$ und $\underset{\sim}{c}$, zwei Vektoren,

$$\underset{\sim}{\lambda} = \begin{pmatrix} \lambda_1 \\ \lambda_2 \\ \cdot \\ \cdot \\ \cdot \\ \lambda_i \\ \cdot \\ \cdot \\ \cdot \\ \lambda_n \\ -\mu \end{pmatrix}, \qquad \underset{\sim}{c} = \begin{pmatrix} \bar{C}(v_1,V) \\ \bar{C}(v_2,V) \\ \cdot \\ \cdot \\ \cdot \\ \bar{C}(v_i,V) \\ \cdot \\ \cdot \\ \cdot \\ \bar{C}(v_n,V) \\ 1 \end{pmatrix},$$

so kann man das Krige-System in der einfachen Form

$$K \underset{\sim}{\lambda} = \underset{\sim}{c}$$

schreiben, woraus bei Invertierbarkeit der Matrix K sofort die Lösung für $\underset{\sim}{\lambda}$ folgt:

$$\underset{\sim}{\lambda} = K^{-1} \underset{\sim}{c}.$$

Die Krige-Varianz vereinfacht sich zu

$$\sigma_K^2 = \overline{C}(V,V) - \underset{\sim}{\lambda}^T \underset{\sim}{c},$$

wobei $\underset{\sim}{\lambda}^T$ der umgeklappte (transponierte) Vektor von $\underset{\sim}{\lambda}$ ist.

Bemerkung 1: Der Krige-Schätzer ist nicht nur erwartungstreu, er interpoliert auch "genau", d.h., wenn der Bereich V mit einem v_i der Daten übereinstimmt, liefert der Schätzer

(i) einen Schätzwert $\hat{z}_K$, der mit dem bekannten Datenpunkt z_i übereinstimmt,

(ii) eine Krige-Varianz $\sigma_K^2 = 0$.

Dies ist nicht bei allen Schätzern selbstverständlich, z.B. bei der kleinsten Quadrate-Interpolation (Ausgleich) mit Polynomen.

Bemerkung 2: Die Ausdrücke im Krige-System und in der Krige-Varianz gelten mit den Begriffen $\overline{C}$ und $\overline{\gamma}$ bezüglich v_i und V sehr allgemein:

(i) Die Bereiche v_i der Daten können beliebig angeordnet sein: v_i und v_j können sich auch überschneiden, dürfen allerdings nicht identisch sein (für $i \neq j$). v_i kann auch im Bereich V liegen.

(ii) Die zugrundeliegende Struktur, die durch $C(\underset{\sim}{h})$ oder $\gamma(\underset{\sim}{h})$ charakterisiert wird, ist im wesentlichen beliebig, z.B. anisotropisch.

Bemerkung 3: Das Krige-System und die Krige-Varianz hängen nur von der Struktur $C(\underset{\sim}{h})$ oder $\gamma(\underset{\sim}{h})$ und von den relativen Anordnungen der verschiedenen Bereiche v_i, v_j und V ab, jedoch nicht von den spezifischen Werten der Daten z_i. Wenn also einmal die Konfiguration der Datenbeschaffung (also die einzelnen Bereiche) festgelegt ist, kann noch vor jedem Bohren das Krige-System gelöst werden und die entsprechende Schätzvarianz vorhergesagt werden. Dies kann vor dem Bohren sehr zur Kostensenkung beitragen.

Bemerkung 4: Die Krige-Matrix K hängt nur von den relativen Anordnungen der v_i und nicht von V ab. Folglich muss bei gleichen Anordnungen nur einmal die Krige-Matrix aufgestellt und invertiert werden. Wegen der oft enormen Grösse dieser Matrix ergibt sich daraus eine grosse Rechenzeitersparnis. Wenn ausserdem zwei

Bereiche V und V' gleiche geometrische Anordnungen mit den erhobenen Daten aufweisen, erhält man gleiche Gewichte $\underset{\sim}{\lambda}$ für den Schätzer. Dies regt natürlich an, dass bei der Datenerhebung möglichst systematisch und regelmässig vorgegangen werden sollte.

<u>Bemerkung 5:</u> Das Krige-System und die Krige-Varianz ziehen die folgenden 4 wesentlichen und intuitiven Punkte in Betracht.

(i) Die geometrische Form des zu schätzenden Bereiches V drückt sich im Term $\overline{\gamma}(V,V)$ der Varianz aus.
(ii) Die Abstände zwischen V und den Datenpunkten v_i werden in $\overline{\gamma}(v_i,V)$ des Vektors $\underset{\sim}{c}$ berücksichtigt.
(iii) Die geometrische Anordnung der Datenpunkte v_i beeinflusst durch $\overline{\gamma}(v_i,v_j)$ die Krige-Matrix K. Die Genauigkeit der Schätzung wird nicht nur durch die Anzahl von gegebenen Daten bestimmt, sondern auch durch ihre relative Anordnung.
(iv) Die Struktur der Variabilität eines betrachteten Phänomens wird hauptsächlich durch das Semi-Variogramm $\gamma(\underset{\sim}{h})$ charakterisiert.

<u>Beispiel 6.1</u>: Betrachten wir die Schätzung in einem Bereich V in 2 Dimensionen durch 4 Datenpunkte A, B, C und D, die symmetrisch angeordnet sind, wie es in der nachstehenden Skizze dargestellt wird. Wir nehmen an, dass die zugrundeliegende Mineralisierung eine ausgeprägtere Richtung u der Kontinuität aufweist, die sich in der Anisotropie des Semi-Variogramms $\gamma(h_u,h_v)$ ausdrückt, und zwar durch geringere Variabilität in der Richtung u. Das Krige-System gibt daher mehr Gewicht auf die Punkte B und D, obwohl sie gleiche Abstände wie A und C von V haben.

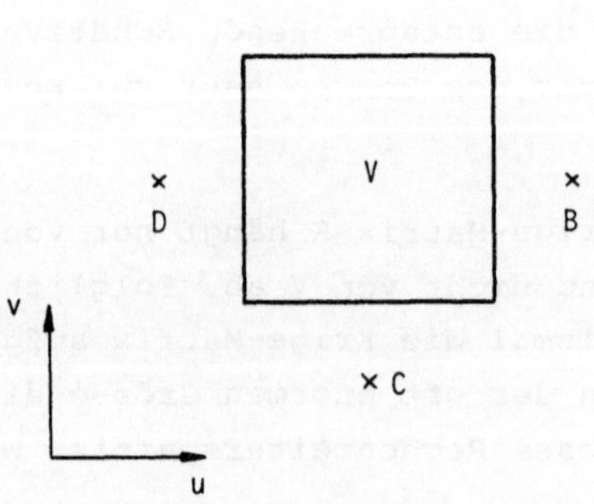

6.2. Punkt-Krigen

Nehmen wir nun an, dass wir nicht den durchschnittlichen Wert Z_V in einem ganzen Block V sondern nur den Wert Z_o an einem bestimmten Punkt $\underset{\sim}{x}_o$ schätzen wollen. Dann werden alle Elemente des Krige-Systems relativ einfach. Die Durchschnittswerte $\bar{C}$ bzw. $\bar{\gamma}$ sind einzelne Werte der entsprechenden Funktionen C bzw. γ.

Beispiel 6.2 ([3]): Betrachten wir eine schichtenförmige Lagerstätte mit einem isotropischen, sphärischen Variogramm, C = 20, $C_o = 2$ und Bereich a = 200'. Gesucht ist eine Schätzung des Wertes z_o an der Stelle $\underset{\sim}{x}_o$ wie in der nächsten Skizze abgebildet ist. Die Werte an den Stellen $\underset{\sim}{x}_1$, $\underset{\sim}{x}_2$, $\underset{\sim}{x}_3$ und $\underset{\sim}{x}_4$ seien gegeben.

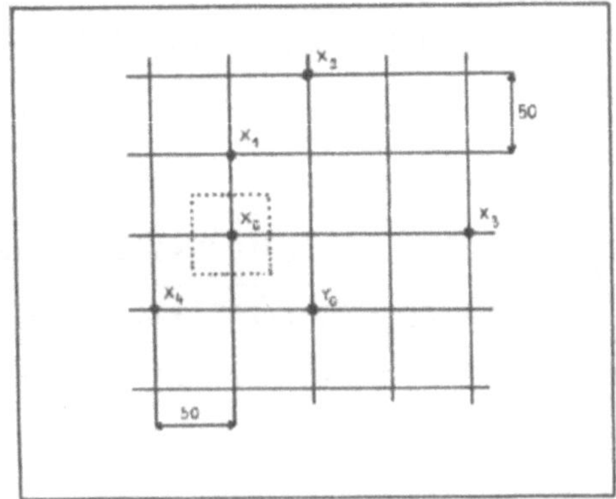

Die Definition des Variogramms ist nach den obigen Angaben

$$\gamma(|\underset{\sim}{h}|) = C_o + C[1.5\ (\frac{|\underset{\sim}{h}|}{a}) - .5\ (\frac{|\underset{\sim}{h}|}{a})^3]\ ,$$

und

$$C(\underset{\sim}{h}) = C(\underset{\sim}{0}) - \gamma(\underset{\sim}{h}) = C_o + C - \gamma(\underset{\sim}{h}).$$

Weil die Bereiche der bekannten Werte v_i und der Bereich v_o des interessierenden Wertes punktförmig sind, benennen wir $C(v_i, v_j)$ $(i,j = 0,1,\ldots,4)$ um in s_{ij}, sodass wir folgendes Krige-System erhalten:

$$\begin{pmatrix} s_{11} & s_{12} & s_{13} & s_{14} & 1 \\ s_{21} & s_{22} & s_{23} & s_{24} & 1 \\ s_{31} & s_{32} & s_{33} & s_{34} & 1 \\ s_{41} & s_{42} & s_{43} & s_{44} & 1 \\ 1 & 1 & 1 & 1 & 0 \end{pmatrix} \cdot \begin{pmatrix} \lambda_1 \\ \lambda_2 \\ \lambda_3 \\ \lambda_4 \\ -\mu \end{pmatrix} = \begin{pmatrix} s_{01} \\ s_{02} \\ s_{03} \\ s_{04} \\ 1 \end{pmatrix}$$

Wir benötigen also nur die Werte der Kovarianzen s_{ij}. Die Diagonalelemente sind alle gleich den Varianzen, d.h.

$$s_{11} = s_{22} = s_{33} = s_{44} = C(0) = C + C_o = 20 + 2 = 22.$$

Weiters sieht man aus der Skizze, dass

$$s_{12} = s_{21} = s_{04} = C + C_0 - \gamma(50\sqrt{2})$$
$$= 20 + 2 - [2+20(1.5\text{x}50\sqrt{2}/200 - .5(50\sqrt{2}/200)^3)] = 9.84$$
$$s_{13} = s_{31} = C + C_o - \gamma(\sqrt{150^2+50^2}) = 1.22$$
$$s_{14} = s_{41} = s_{02} = C + C_o - \gamma(\sqrt{100^2+50^2}) = 4.98$$
$$s_{23} = s_{32} = C + C_o - \gamma(\sqrt{100^2+100^2}) = 2.33$$
$$s_{24} = s_{42} = C + C_o - \gamma(\sqrt{150^2+100^2}) = .29$$
$$s_{34} = s_{43} = C + C_o - \gamma(\sqrt{200^2+50^2}) = 0$$
$$s_{01} = C + C_o - \gamma(50) = 12.66$$
$$s_{03} = C + C_o - \gamma(150) = 1.72.$$

Daraus folgt als Lösung des Gleichungssystems

$$\lambda_1 = .518$$
$$\lambda_2 = .022$$
$$\lambda_3 = .089$$
$$\lambda_4 = .371$$
$$\mu = .91\ .$$

Man bemerkt, dass der Einfluss von $\underset{\sim}{x}_3$ <u>viel</u> grösser (mehr als linear) als $\underset{\sim}{x}_2$ ist. Dies ist mit der Tatsache zu erklären, dass $\underset{\sim}{x}_3$ den gesuchten Wert von $\underset{\sim}{x}_o$ "direkt" beeinflusst, während $\underset{\sim}{x}_2$ mehr im Schatten von $\underset{\sim}{x}_1$ liegt. Dies zieht auch nach sich, dass eine Anhäufung von Punkten (Cluster) nicht übermässig viel Gewicht bekommt.

Angenommen, wir wollten nun den Wert an der Stelle $\underset{\sim}{y}_o$ schätzen. Dann könnten wir die gleiche Matrix verwenden, nur die rechte Seite des Gleichungssystems mit s_{0i} ändert sich.

6.3 Block-Krigen

Beispiel 6.3: ([6]) Wir betrachten eine zweidimensionale Regionalisierung, die durch die Zufallsfunktion $Z(\underset{\sim}{x}) = Z(u,v)$ charakterisiert wird. Die wesentliche Hypothese soll gelten, und das Variogramm soll isotropisch sein, d.h. $\gamma(\underset{\sim}{h}) = \gamma(|\underset{\sim}{h}|)$. Beispielsweise könnte Z die vertikale Dicke eines sedimentären Bettes darstellen.

Entsprechend der folgenden Skizze soll der mittlere Wert Z des quadratischen Blocks $V = \overline{ABCD}$ mit Seitenlänge ℓ geschätzt werden. Vier Datenwerte von den Trägern S_1 (zentraler Wert), S_3, O_4 und O_5 (periphäre Proben) der jeweiligen Grösse v stehen zur Verfügung.

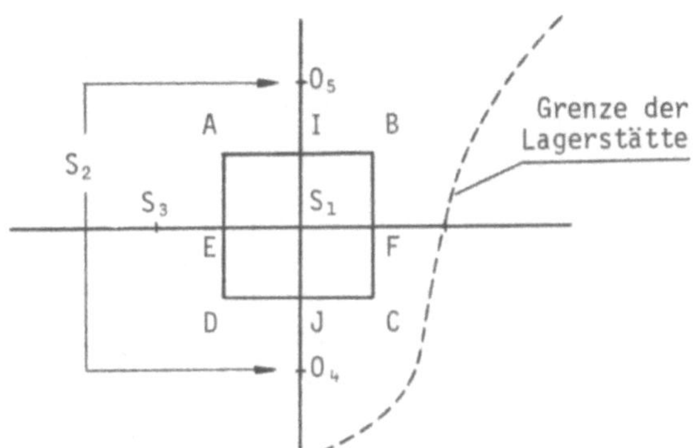

Aus Symmetrie- und Isotropie-Gründen bekommen die Daten von O_4 und O_5 für die Schätzung das gleiche Gewicht und wir gruppieren sie deshalb zu $S_2 = \{O_4 \cup O_5\}$ der Grösse 2v. S_1 und S_3 müssen natürlich getrennt behandelt werden. Der lineare Schätzer enthält also 3 Gewichte, nämlich

$$\hat{Z}_V = \sum_{i=1}^{3} \lambda_i Z(S_i)$$

mit

$$Z(S_2) = \frac{1}{2}[Z(O_4)+Z(O_5)].$$

Das Krige-System hat nun die Gestalt

$$\begin{aligned}
\lambda_1\overline{\gamma}(S_1,S_1)+\lambda_2\overline{\gamma}(S_1,S_2)+\lambda_3\overline{\gamma}(S_1,S_3)+\ \mu &= \overline{\gamma}(S_1,V)\\
\lambda_1\overline{\gamma}(S_2,S_1)+\lambda_2\overline{\gamma}(S_2,S_2)+\lambda_3\overline{\gamma}(S_2,S_3)+\ \mu &= \overline{\gamma}(S_2,V)\\
\lambda_1\overline{\gamma}(S_3,S_1)+\lambda_2\overline{\gamma}(S_3,S_2)+\lambda_3\overline{\gamma}(S_3,S_3)+\ \mu &= \overline{\gamma}(S_3,V)\\
\lambda_1 \qquad +\lambda_2 \qquad +\lambda_3 \qquad &= 1
\end{aligned}$$

und die Krige-Varianz ist

$$\sigma_K^2 = \lambda_1\overline{\gamma}(S_1,V)+\lambda_2\overline{\gamma}(S_2,V)+\lambda_3\overline{\gamma}(S_3,V)+\mu-\overline{\gamma}(V,V).$$

Die verschiedenen mittleren Variogramme $\overline{\gamma}$ errechnen sich wie folgt:

$$\overline{\gamma}(S_1,S_1) = \overline{\gamma}(S_3,S_3) = \overline{\gamma}(v,v).$$

$$\overline{\gamma}(S_2,S_2) = \overline{\gamma}(O_4,S_2) = \tfrac{1}{2}[\overline{\gamma}(v,v)+\gamma(2\ell)].$$

($\gamma(2\ell)$ ist ungefähr gleich $\gamma(O_4,O_5)$ wegen der relativen Grösse von ℓ gegenüber v).

$$\overline{\gamma}(S_1,S_3) = \overline{\gamma}(S_1,S_2) = \gamma(\ell).$$

$$\overline{\gamma}(S_2,S_3) = \gamma(\ell\,\sqrt{2}).$$

$$\overline{\gamma}(S_1,V) = \overline{\gamma}(S_1,AIS_1E) = H(\ell/2,\ell/2),$$

wobei allgemein $H(L,\ell)$ eine Hilfsfunktion bezeichnet, die den Wert des mittleren Semivariogramms $\gamma(\underset{\sim}{h})$ angibt, wenn sich ein Ende des Vektors $\underset{\sim}{h}$ an einem Eckpunkt eines Rechteckes mit Seitenlängen L und ℓ befindet und das andere Ende die Fläche des Rechteckes durchläuft. Diese Funktion kann für einfache Variogramme analytisch angegeben werden, bei anderen sind Werte aus Kurvenblättern abzulesen.

$$\overline{\gamma}(S_3,V) = \overline{\gamma}(O_4,V) = \overline{\gamma}(S_2,V) = \overline{\gamma}(O_4,AIJD)$$

$$= \frac{2}{\ell^2}\left[\frac{3\ell^2}{4}\,H(3\ell/2,\ell/2)-\frac{\ell^2}{4}\,H(\ell/2,\ell/2)\right]$$

$$= \tfrac{3}{2}H(3\ell/2,\ell/2)-\tfrac{1}{2}H(\ell/2,\ell/2).$$

$$\overline{\gamma}(V,V) = F(\ell,\ell),$$

wobei $F(L,\ell)$ eine ähnliche Hilfsfunktion wie H ist; sie stellt jedoch das Mittel von $\gamma(\underset{\sim}{h})$ dar, wenn sich beide Enden von $\underset{\sim}{h}$ im Rechteck der Grösse $L \times \ell$ bewegen.

Für die weitere Ausführung des Krige-Systems betrachten wir ein lineares Variogrammodell

$$\gamma(|\underset{\sim}{h}|) = \gamma(r) = \{C_o(0)-C_o(r)\} + \omega r$$

mit dem Nugget-Effekt $C_o(0)-C_o(r)$, wobei $C_o(r)$ für $r > 0$ gleich 0 ist. Dieser wird durch die Nugget-Konstante $C_{ov} = A/v$ charakterisiert, die den "mittleren Wert" von $C_o(r)$ in v angibt. Diese ist im allgemeinen nicht zu vernachlässigen. Im Gegensatz dazu wird $C_{oV} = A/V$ i.a. verschwindend klein.

Für das einfache, lineare Standardmodell

$$\gamma(r) = r$$

können die Hilfsfunktionen H und F analytisch errechnet werden. Es gilt

$$H(L,\ell) = \frac{1}{3}\sqrt{L^2+\ell^2} + \frac{\ell^2}{6L} \log \frac{L+\sqrt{L^2+\ell^2}}{\ell} + \frac{L^2}{6\ell} \log \frac{\ell+\sqrt{L^2+\ell^2}}{L},$$

$$F(L,\ell) = \sqrt{L^2+\ell^2}\,\left(\frac{1}{5} - \frac{1}{15}\frac{L^2}{\ell^2} - \frac{1}{15}\frac{\ell^2}{L^2}\right) + \frac{1}{15}\left(\frac{L^3}{\ell^2} + \frac{\ell^3}{L^2}\right)$$
$$+ \frac{1}{6}\frac{L^2}{\ell} \log \frac{\ell+\sqrt{L^2+\ell^2}}{L} + \frac{1}{6}\frac{\ell^2}{L} \log \frac{L+\sqrt{L^2+\ell^2}}{\ell}.$$

Daraus ergeben sich die Spezialfälle

$$H(3\ell,\ell) = 1.6463 \quad ,$$

$$H(\ell,\ell) = .7652$$

und

$$F(\ell,\ell) = .5213 \quad .$$

Die Werte der mittleren Variogramme ergeben sich nun folgendermassen:

$$\overline{\gamma}(S_1,S_1) = \overline{\gamma}(S_3,S_3) = \overline{\gamma}(v,v) = C_o(0)-A/v+.5213\,\omega\varepsilon = C_o(0)-A/v,$$

wobei ε die "Länge" von v bezeichnet; dieser Term wird aber wegen der Kleinheit vernachlässigt.

$$\overline{\gamma}(S_2,S_2) = \frac{1}{2}[\overline{\gamma}(v,v)+\gamma(2\ell)] = \frac{1}{2}[C_o(0)-A/v+C_o(0)+2\omega\ell] =$$
$$= C_o(0) - \frac{1}{2}A/v + \omega\ell.$$
$$\overline{\gamma}(S_1,S_3) = \overline{\gamma}(S_1,S_2) = \gamma(\ell) = C_o(0) + \omega\ell .$$
$$\overline{\gamma}(S_2,S_3) = \gamma(\ell\sqrt{2}) = C_o(0) + \omega\ell\sqrt{2}.$$
$$\overline{\gamma}(S_1,V) = H(\ell/2,\ell/2) = C_o(0)+.7652\,\omega\ell/2 = C_o(0)+.3826\omega\ell.$$
$$\overline{\gamma}(S_2,V) = \overline{\gamma}(S_3,V) = \frac{3}{2}H(3\ell/2,\ell/2) - \frac{1}{2}H(\ell/2,\ell/2)$$
$$= \frac{3}{2}(C_o(0)+1.6463\,\omega\ell/2) - \frac{1}{2}(C_o(0)+.7652\,\omega\ell/2)$$
$$= C_o(0)+1.0432\omega\ell .$$
$$\overline{\gamma}(V,V) = F(\ell,\ell) = C_o(0)+.5213\omega\ell .$$

Wir betrachten nun 3 Spezialfälle:

(i) Reiner Nugget-Effekt mit $C_{ov} = 1$, $\omega\ell = 0$.

(ii) Teilweiser Nugget-Effekt mit $C_{ov} = .5$, $\omega\ell = .959$.

(iii) Kein Nugget-Effekt mit $C_{ov} = 0$, $\omega\ell = 1.918$.

Die Werte wurden so gewählt, dass die Streuungsvarianz σ_D^2 in jedem Fall die gleiche ist:

$$\sigma_D^2(v,V) = \overline{\gamma}(V,V)-\overline{\gamma}(v,v) = C_o(0)+.5213\omega\ell - C_o(0)+C_{ov}$$
$$= C_{ov}+.5213\,\omega\ell = 1.$$

Für diese Spezialfälle führen wir folgende Rechnungen durch.

(i) Reiner Nugget-Effekt

$$\overline{\gamma}(S_1,S_1) = \overline{\gamma}(S_3,S_3) = C_o(0)-1.$$
$$\overline{\gamma}(S_2,S_2) = C_o(0)-1/2.$$
$$\overline{\gamma}(S_1,S_3) = \overline{\gamma}(S_1,S_2) = C_o(0).$$
$$\overline{\gamma}(S_2,S_3) = C_o(0).$$
$$\overline{\gamma}(S_1,V) = \overline{\gamma}(S_2,V) = \overline{\gamma}(S_3,V) = \overline{\gamma}(V,V) = C_o(0).$$

Daraus folgt das Krige-System

$$(C_o(0)-1)\lambda_1 + C_o(0)\lambda_2 + C_o(0)\lambda_3 + \mu = C_o(0)$$
$$C_o(0)\lambda_1 + (C_o(0)-.5)\lambda_2 + C_o(0)\lambda_3 + \mu = C_o(0)$$

$$C_o(0)\lambda_1 + C_o(0)\lambda_2 + (C_o(0)-1)\lambda_3 + \mu = C_o(0)$$
$$\lambda_1 + \lambda_2 + \lambda_3 = 1$$

Nach Elimination von $C_o(0)$ bleibt

$$\begin{aligned} -\lambda_1 \qquad\qquad\qquad &+ \mu = 0 \\ -.5\lambda_2 \qquad &+ \mu = 0 \\ -\lambda_3 &+ \mu = 0 \\ \lambda_1 + \lambda_2 + \lambda_3 &\quad = 1, \end{aligned}$$

was aufgelöst ergibt

$$\lambda_1 = \lambda_3 = \mu = .25, \quad \lambda_2 = .5.$$

Die Krige-Varianz ist

$$\sigma_K^2 = .25C_o(0)+.5C_o(0)+.25C_o(0)+.25-C_o(0) = .25.$$

Man sieht, dass in diesem Fall des reinen Nugget-Effekts die Gewichte λ_i proportional zu den Grössen der Träger ausfallen. Der Ort spielt keine Rolle.

(ii) Teilweiser Nuggeteffekt

$$\bar\gamma(S_1,S_1) = \bar\gamma(S_3,S_3) = C_o(0)-.5.$$
$$\bar\gamma(S_2,S_2) = C_o(0)-\tfrac{1}{2}.5+.959 = C_o(0)+.709.$$
$$\bar\gamma(S_1,S_3) = \bar\gamma(S_1,S_2) = C_o(0)+.959.$$
$$\bar\gamma(S_2,S_3) = C_o(0)+.959\sqrt{2} = C_o(0)+1.3562.$$
$$\bar\gamma(S_1,V) = C_o(0)+.3826\text{x}.959 = C_o(0)+.3669.$$
$$\bar\gamma(S_2,V) = \bar\gamma(S_3,V) = C_o(0)+1.0432\text{x}.959 = C_o(0)+1.0004.$$
$$\bar\gamma(V,V) = C_o(0)+.5213\text{x}.959 = C_o(0)+.4999.$$

Daraus folgt das Krige-System

$$(C_o(0)-.5)\lambda_1+(C_o(0)+.959)\lambda_2+(C_o(0)+.959)\lambda_3+\mu = C_o(0)+.3669$$
$$(C_o(0)+.959)\lambda_1+(C_o(0)+.709)\lambda_2+(C_o(0)+1.3562)\lambda_3+\mu = C_o(0)+1.0004$$
$$(C_o(0)+.959)\lambda_1+(C_o(0)+1.3562)\lambda_2+(C_o(0)-.5)\lambda_3+\mu = C_o(0)+1.0004$$
$$\lambda_1 + \lambda_2 + \lambda_3 = 1 .$$

Die Konstante $C_o(0)$ wird eliminiert und das System gelöst, sodass

$$\lambda_1 = .465,\ \lambda_2 = .397,\ \lambda_3 = .138,\quad \mu = .0857.$$

Man bemerkt, dass S_1 das grösste Gewicht erhält und dass λ_2 grösser als 2 x λ_3 ist. Als Krige-Varianz erhalten wir $\sigma_K^2 = .29$.

(iii) Ohne Nugget-Effekt

$$\overline{\gamma}(S_1,S_1) = \overline{\gamma}(S_3,S_3) = C_o(0).$$

$$\overline{\gamma}(S_2,S_2) = C_o(0)+1.918.$$

$$\overline{\gamma}(S_1,S_3) = \overline{\gamma}(s_1,S_2) = C_o(0)+1.918.$$

$$\overline{\gamma}(S_2,S_3) = C_o(0)+1.918\sqrt{2} = C_o(0)+2.712.$$

$$\overline{\gamma}(S_1,V) = C_o(0)+.3826x1.918 = C_o(0)+.7338.$$

$$\overline{\gamma}(S_2,V) = \overline{\gamma}(S_3,V) = C_o(0)+1.0432x1.918 = C_o(0)+2.001.$$

$$\overline{\gamma}(V,V) = C_o(0)+.5213x1.918 = C_o(0)+.9999.$$

Daraus folgt das Krige-System (ohne $C_o(0)$)

$$\begin{aligned}
1.918\ \lambda_2 + 1.918\ \lambda_3 + \mu &= .7338\\
1.918\ \lambda_1 + 1.918\ \lambda_2 + 2.712\ \lambda_3 + \mu &= 2.001\\
1.918\ \lambda_1 + 2.712\ \lambda_2 + \qquad\qquad \mu &= 2.001\\
\lambda_1 + \lambda_2 + \lambda_3 &= 1
\end{aligned}$$

und die Lösung ist

$$\lambda_1 = .626,\ \lambda_2 = .290,\ \lambda_3 = .0848,\ \mu = .0157,\ \sigma_K^2 = .224.$$

Man bemerkt, dass der zentrale Wert noch mehr Gewicht bekommt.

In der folgenden Tabelle werden noch die Ergebnisse von anderen Schätzmethoden als der von Krige angegeben. Die 1. Methode heisst POLY (Polygon des Einflusses), die Gewichte nur an Werte vergibt, die im zu schätzenden Bereich liegen. Deshalb wird $\lambda_1 = 1$ und $\lambda_2 = \lambda_3 = 0$. Die Methoden der inversen Abstands- bzw. Abstandsquadrategewichtung (ID bzw. ID2) vergeben die gleichen Gewichte an die peripheren Datenpunkte: $\lambda_3 = \lambda_2/2$. Der zentrale Wert S_1 erhält von ID2 ein grösseres Gewicht ($\lambda_1 = .727$) als von ID ($\lambda_1 = .484$). Dabei wurden die mittleren

Abstände von S_1 nach V mit einem Viertel der Diagonale, d.h. mit $\ell\sqrt{2}/4$, berechnet.

Diese Methoden können nicht direkt die Genauigkeit σ_E^2 der Schätzung angeben. Die Geostatistik liefert jedoch mittels der räumlichen Variabilität $\gamma(\underset{\sim}{h})$ auch hier Angaben über σ_E^2. Man sieht aus der Tabelle, dass bei verschiedenen Nugget-Effekten jeweils eine andere Methode günstiger erscheint. Der Krige-Schätzer ist natürlich immer der beste.

Nugget-Effekt	Krigen	POLY	ID	ID2
Rein	λ_1=.25	λ_1=1	.484	.727
	λ_2=.50	λ_2=0	.344	.182
	λ_3=.25	λ_3=0	.172	.091
	σ_K^2=.25	σ_K^2=1	.323	.553
Teilweise	λ_1=.465			
	λ_2=.397	wie oben	wie oben	wie oben
	λ_3=.138			
	σ_K^2=.29	σ_K^2=.734	.296	.339
Ohne	λ_1=.626			
	λ_2=.290	wie oben	wie oben	wie oben
	λ_3=.085			
	σ_K^2=.224	σ_K^2=.468	.27	.225

6.4 Fallstudie: 3-dimensionales Krigen mit den Computerprogrammen GEOSLIB

In diesem Abschnitt besprechen wir eine umfangreichere Fallstudie, wie sie typisch mit einem grossen Computerprogrammpaket ([9]) durchgeführt wird. Dabei achten wir weniger auf theoretische und rechnerische Details als auf den Einsatz des Computers. Bei Daten im dreidimensionalen Raum, wie z.B. Messgrössen in einem Salzbergwerk, wird die Datenorganisation und -aufbereitung schon problematisch. Um die Rechenzeit für die

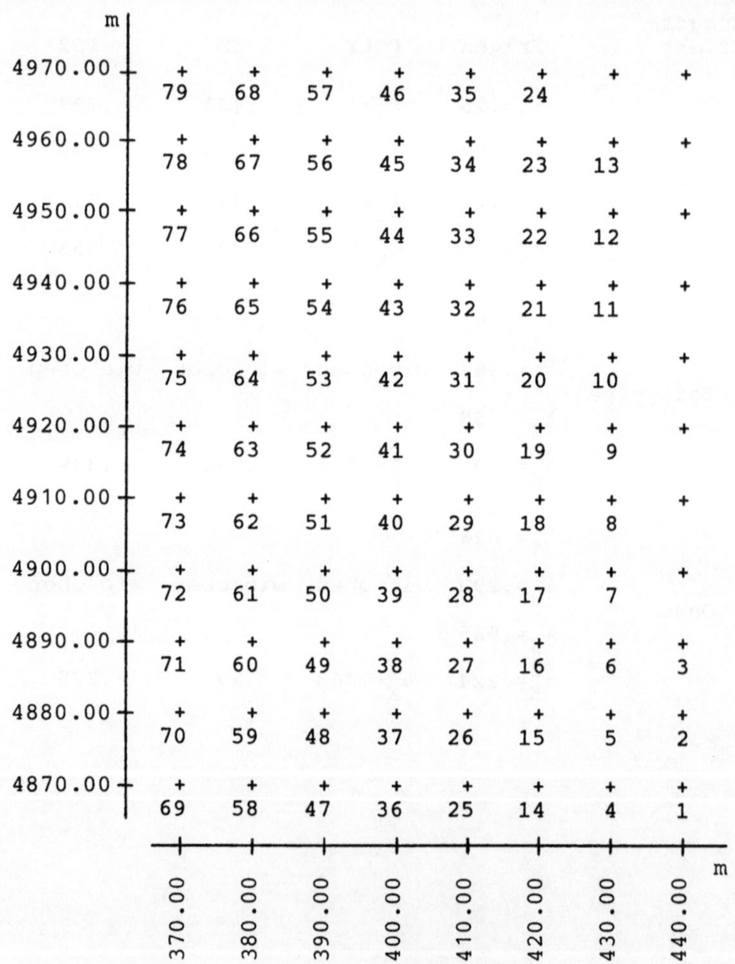

Fig. 6.1. Bohrlochverzeichnis.

Analyse in vernünftigen Grenzen zu halten, muss man häufig sehr auf die spezielle Computerkonfiguration Rücksicht nehmen. Die folgende Studie mit den Daten wurde uns mit dem Programmpaket GEOSLIB geliefert. Die Installation auf einer Anlage UNIVAC 1100/81 gestaltete sich hauptsächlich wegen des Datenzugriffes schwierig und gab dem Rechenzentrum (EDV-Zentrum Graz) manchmal Schwierigkeiten mit der Rechenkapazität ([12]).

Es soll ein Bereich einer Lagerstätte untersucht werden, der 79 vertikale Bohrlöcher umfasst, die auf einem regelmässigen Gitter von 10*10 Metern angeordnet sind. Fortlaufende Kennummern und (x,y)-Koordinaten der Bohrlöcher sind in Fig. 6.1 angegeben. Von jedem Bohrkern wurden ab einer konstanten Höhe (36m) für zwei regionalisierte Variable (kurz "1st Var." und "2nd Var." genannt) in regelmässigen Abständen von 1 Meter ca. 18 Probenwerte entnommen. Diese Daten wurden auf einen Massenspeicher (unter dem Namen "WORK.RAWDAT") des Computers transferiert, von dem die ersten 55 Records in Tab. 6.1 aufgelistet sind.

In der jeweiligen Kopfzeile für ein Bohrloch steht die Anzahl von Messwerten und die Identifikation, d.h. die x- und y-Koordinate und die Höhe des Beginns (z) der Messungen. Darunter werden für jede Messung eine Zeile mit x, y und z sowie die Werte der beiden Variablen (1st Var. und 2nd Var.) aufgelistet.

Das Ziel dieser Studie ist die Berechnung der geschätzten Mittelwerte sowie der Schätzvarianzen der beiden Variablen in gleich grossen Blöcken von 10*10*2 Metern. Die einzelnen Schritte der Vorgangsweise sind in Form eines Ablaufdiagramms in Fig. 6.2 dargestellt.

Um die Daten irgendwie handlich zu gestalten, müssen sie zuerst regularisiert werden. Das Programm CLAS2 bezieht die Daten in jedem Bohrloch in diesem Fall auf Bohrkerne der Länge 2 Meter. Das Resultat wird im Massenspeicher unter dem Namen WORK.REGUDAT abgelegt; die ersten Records sind in Tab. 6.2 aufgelistet.

Tab. 6.1. Originaldaten.

17 440.004870.00	36.00		
440.004870.00	35.00	3.200	5.824
440.004870.00	34.00	3.200	5.824
440.004870.00	33.00	8.000	7.920
440.004870.00	32.00	8.100	7.047
440.004870.00	31.00	25.500	6.375
440.004870.00	30.00	10.500	4.410
440.004870.00	29.00	18.000	4.680
440.004870.00	28.00	17.000	2.720
440.004870.00	27.00	16.700	10.855
440.004870.00	26.00	8.200	9.922
440.004870.00	25.00	30.200	7.248
440.004870.00	24.00	33.600	6.384
440.004870.00	23.00	36.700	7.707
440.004870.00	22.00	37.200	8.556
440.004870.00	21.00	38.500	7.700
440.004870.00	20.00	37.500	7.125
440.004870.00	19.00	39.200	7.840
17 440.004880.00	36.00		
440.004880.00	35.00	3.900	2.730
440.004880.00	34.00	3.900	2.730
440.004880.00	33.00	4.000	3.920
440.004880.00	32.00	21.900	6.570
440.004880.00	31.00	8.600	5.246
440.004880.00	30.00	10.700	8.132
440.004880.00	29.00	10.000	6.800
440.004880.00	28.00	9.700	6.596
440.004880.00	27.00	25.800	9.546
440.004880.00	26.00	26.200	10.480
440.004880.00	25.00	29.400	10.290
440.004880.00	24.00	27.500	8.525
440.004880.00	23.00	23.500	7.285
440.004880.00	22.00	30.500	8.845
440.004880.00	21.00	22.200	6.438
440.004880.00	20.00	27.400	7.124
440.004880.00	19.00	30.600	7.956
17 440.004890.00	36.00		
440.004890.00	35.00	6.000	5.640
440.004890.00	34.00	4.500	4.050
440.004890.00	33.00	8.300	9.296
440.004890.00	32.00	10.500	8.190
440.004890.00	31.00	12.300	6.273
440.004890.00	30.00	13.200	4.620
440.004890.00	29.00	10.300	4.635
440.004890.00	28.00	9.700	5.044
440.004890.00	27.00	23.300	7.223
440.004890.00	26.00	21.300	5.538
440.004890.00	25.00	17.400	5.742
440.004890.00	24.00	13.300	5.054
440.004890.00	23.00	13.300	4.256
440.004890.00	22.00	26.200	6.812
440.004890.00	21.00	26.300	7.627
440.004890.00	20.00	24.300	6.318
440.004890.00	19.00	22.900	6.412
18 430.004870.00	36.00		

Tab. 6.2. Regularisierte Daten.

8 440.004870.00	36.00		
440.004870.00	34.00	3.200	5.824
440.004870.00	32.00	8.050	7.484
440.004870.00	30.00	18.000	5.392
440.004870.00	28.00	17.500	3.700
440.004870.00	26.00	12.450	10.388
440.004870.00	24.00	31.900	6.816
440.004870.00	22.00	36.950	8.132
440.004870.00	20.00	38.000	7.412
8 440.004880.00	36.00		
440.004880.00	34.00	3.900	2.730
440.004880.00	32.00	12.950	5.245
440.004880.00	30.00	9.650	6.689
440.004880.00	28.00	9.850	6.698
440.004880.00	26.00	26.000	10.013
440.004880.00	24.00	28.450	9.407
440.004880.00	22.00	27.000	8.065
440.004880.00	20.00	24.800	6.781
8 440.004890.00	36.00		
440.004890.00	34.00	5.250	4.845
440.004890.00	32.00	9.400	8.743
440.004890.00	30.00	12.750	5.447
440.004890.00	28.00	10.000	4.840
440.004890.00	26.00	22.300	6.380
440.004890.00	24.00	15.350	5.398
440.004890.00	22.00	19.750	5.534
440.004890.00	20.00	25.300	6.972
8 430.004870.00	36.00		
430.004870.00	34.00	32.000	11.466
430.004870.00	32.00	34.550	7.795
430.004870.00	30.00	35.750	8.197
430.004870.00	28.00	24.750	19.701
430.004870.00	26.00	18.650	35.807
430.004870.00	24.00	23.800	19.729
430.004870.00	22.00	26.750	11.844
430.004870.00	20.00	32.550	7.486
8 430.004880.00	36.00		
430.004880.00	34.00	32.800	6.560
430.004880.00	32.00	32.250	5.160
430.004880.00	30.00	28.600	4.146
430.004880.00	28.00	23.100	4.227
430.004880.00	26.00	6.300	13.139
430.004880.00	24.00	2.750	12.537
430.004880.00	22.00	15.650	23.329
430.004880.00	20.00	9.900	14.222
8 430.004890.00	36.00		
430.004890.00	34.00	35.900	8.616
430.004890.00	32.00	36.950	6.477
430.004890.00	30.00	29.450	4.575
430.004890.00	28.00	24.700	3.670
430.004890.00	26.00	39.750	6.757
430.004890.00	24.00	42.050	8.500
430.004890.00	22.00	40.850	7.340
430.004890.00	20.00	40.600	41.320
8 430.004900.00	36.00		

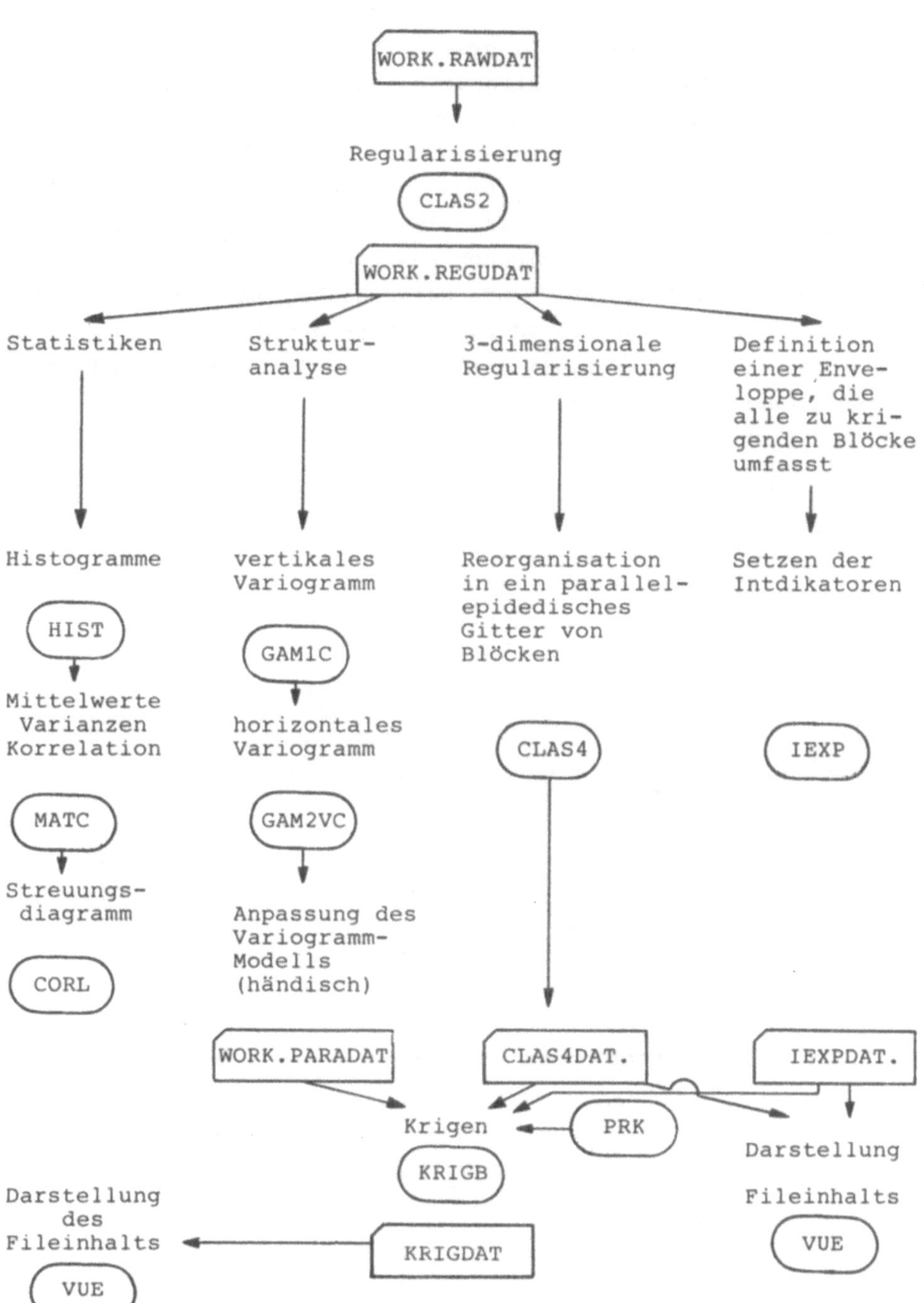

Fig. 6.2. Ablaufdiagramm des Krigens.

Im ersten Zweig des Diagramms (Fig. 6.2) werden die Daten zunächst unstrukturiert behandelt und einfache Statistiken berechnet. HIST zeichnet Histogramme, MATC Streuungsdiagramme und CORL berechnet Korrelationen. Das vom Computer produzierte Histogramm der 1. Variablen geben wir in Outp. 6.1 wieder. Die empirische Verteilung der Variablen erscheint linksschief, was eher selten in geostatistischen Anwendungen ist. Das Gegenteil tritt bei der "2nd Var." auf, deren Histogramm wir hier nicht reproduzieren; es ist allerdings im Streuungsdiagramm Outp. 6.2 (in der Randverteilung) ersichtlich. Dort wird auch der Korrelationskoeffizient als -.30 angeführt.

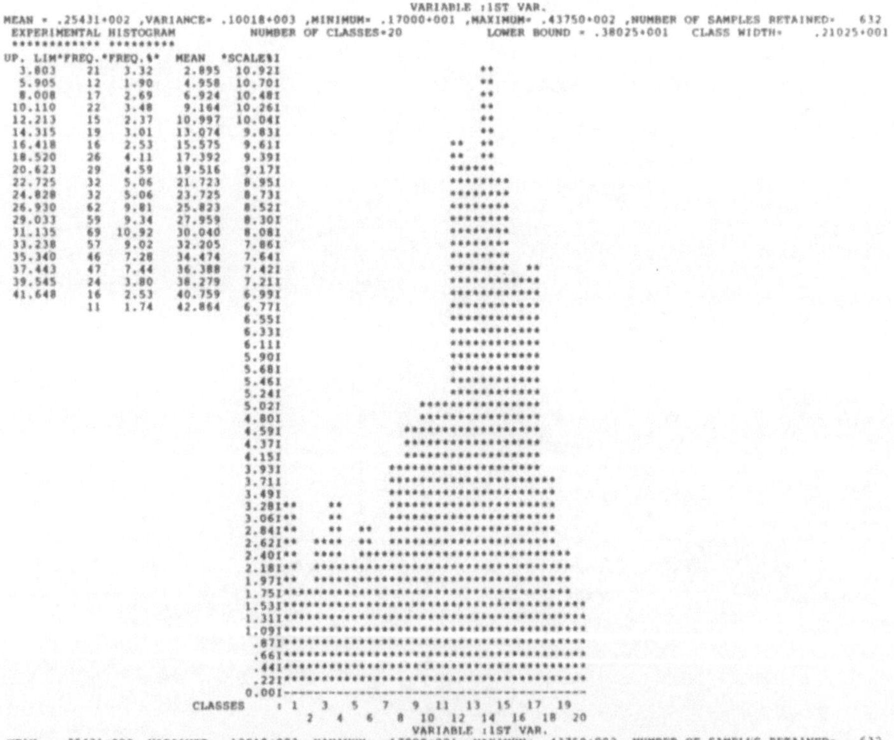

UP. LIM	FREQ.	FREQ.%	MEAN
3.803	21	3.32	2.895
5.905	12	1.90	4.958
8.008	17	2.69	6.924
10.110	22	3.48	9.164
12.213	15	2.37	10.997
14.315	19	3.01	13.074
16.418	16	2.53	15.575
18.520	26	4.11	17.392
20.623	29	4.59	19.516
22.725	32	5.06	21.723
24.828	32	5.06	23.725
26.930	62	9.81	25.823
29.033	59	9.34	27.959
31.135	69	10.92	30.040
33.238	57	9.02	32.205
35.340	46	7.28	34.474
37.443	47	7.44	36.388
39.545	24	3.80	38.279
41.648	16	2.53	40.759
	11	1.74	42.864

Outp. 6.1. Histogramm der "1st Var.".

```
STUDY OF CORRELATION BETWEEN 1ST VAR. AND 2ND VAR.
  VARIABLE *    MEAN    *  VARIANCE  * COEF. OF CORRELATION * NUMBER OF PAIRS   *
  1ST VAR. * .25431+002 * .10018+003 *         -.30         *       632         *
  2ND VAR. * .88845+001 * .49516+002 *

  REGRESSION Y/X   *   SLOPE   *    INTERCEPT   *  RESIDUAL VARIANCE   * VALUE Y FOR X= LOWER BOUND OF X *
 1ST VAR./2ND VAR. *-.4277+000 *    .2923+002   *      .91121+002      *            .2883+002            *
 2ND VAR./1ST VAR. *-.2114+000 *    .1426+002   *      .45040+002      *            .1390+002            *
        2ND VAR.                    SCALE FOR HORIZONTAL AXIS= .84100+000         SCALE FOR VERTICAL AXIS= .10038+001
 .51132+002-!

 .94200+000-!
  .17000+001                                   M                                     .43750+002   1ST VAR.
```

Outp. 6.2. Streuungsdiagramm mit "1st Var." und "2nd Var.".

Im zweiten Zweig wird die eigentliche Strukturanalyse durchgeführt, und es werden verschiedene Variogramme gerechnet und gezeichnet. In der vertikalen Richtung wird für jede Variable nur ein Variogramm gerechnet, was mit dem Program GAM1C geschieht ("C" steht eigentlich auch für (C)Kovariogramm). Das Programm liefert auch einen graphischen Output auf den Zeilendrucker (siehe z.B. Outp. 4.1). Viel leichter ist es, wenn man einen graphischen Bildschirm zur Verfügung hat und die dargestellten Daten gleich interaktiv (aber eigentlich "händisch") anpassen kann. Fig. 6.2 stellt eine Nachbildung einer solchen Graphik mit der ersten Variablen dar. Das angepasste, zweifach geschachtelte, sphärische Variogramm mit $C_1 = 36$, $a_1 = 5$, $C_2 = 64$ und $a_2 = 17$ ist eingezeichnet. Eine ähnliche Situation haben wir mit der 2. Variablen. Die Graphik mit der Anpassung ist in Fig. 6.3 ersichtlich.

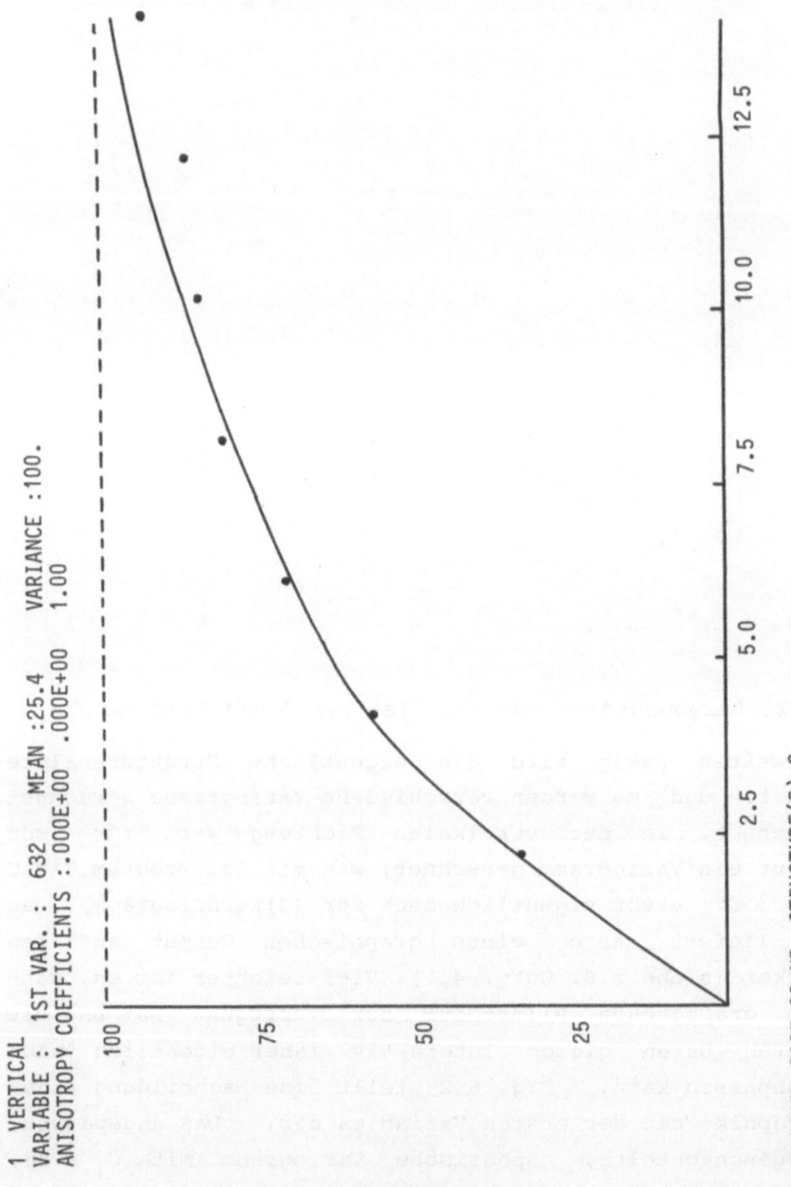

Fig. 6.2. Variogramm der 1. Variablen in vertikaler Richtung.

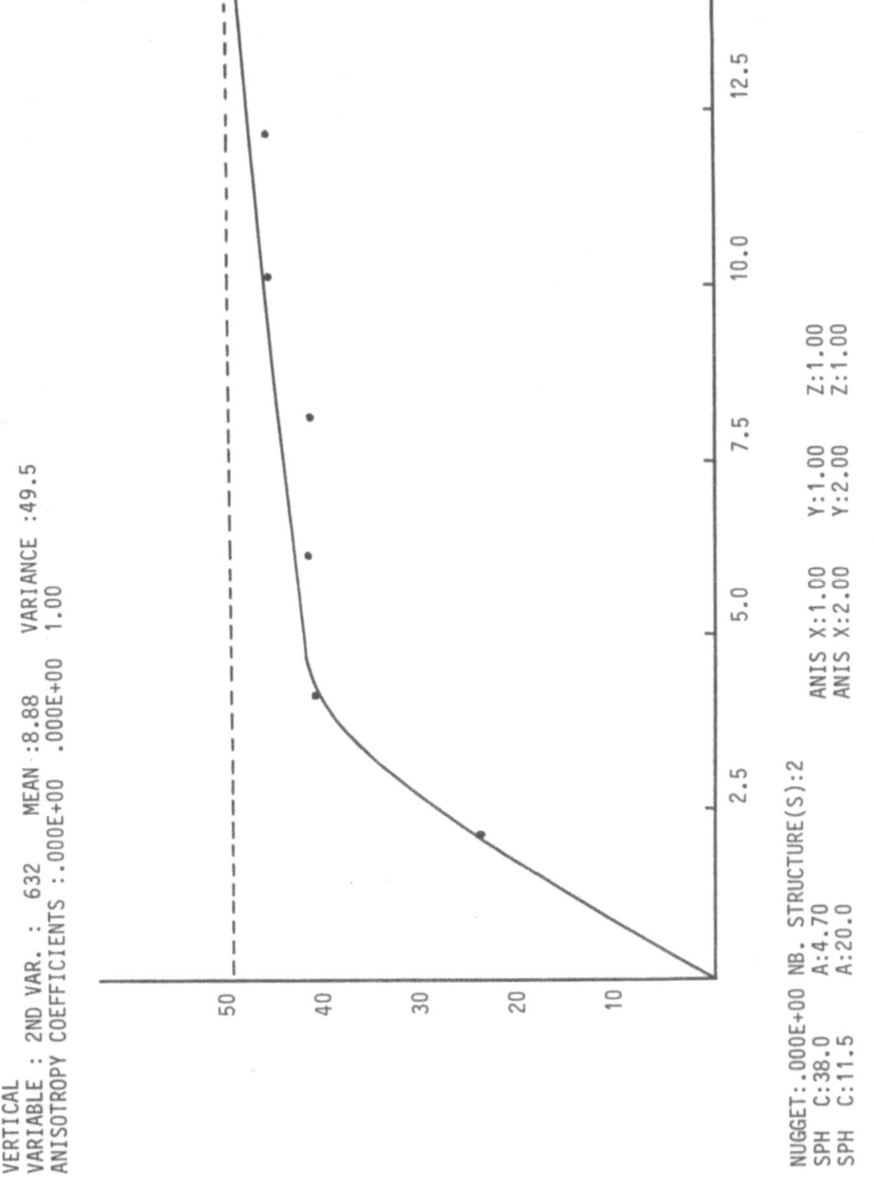

Fig. 6.3. Variogramm der 2. Variablen in vertikaler Richtung.

In der horizontalen Ebene (soferne diese überhaupt eine ausgeprägte Richtung darstellt) gibt es viel mehr Möglichkeiten, Variogramme zu rechnen. Zum Beispiel könnte in jeder Ebene der Messpunkte ein Variogramm, und hier wieder in verschiedenen

Richtungen innerhalb der Ebenen, gerechnet werden. Dies sollte auch gemacht werden, um die Struktur der Region möglichst gut verstehen zu können. Das Program GAM2V ermöglicht die gleichzeitige Berechnung in verschiedenen Richtungen. Wir präsentieren nur das Endresultat für die 2 Variablen in Fig. 6.4 und 6.5. Es

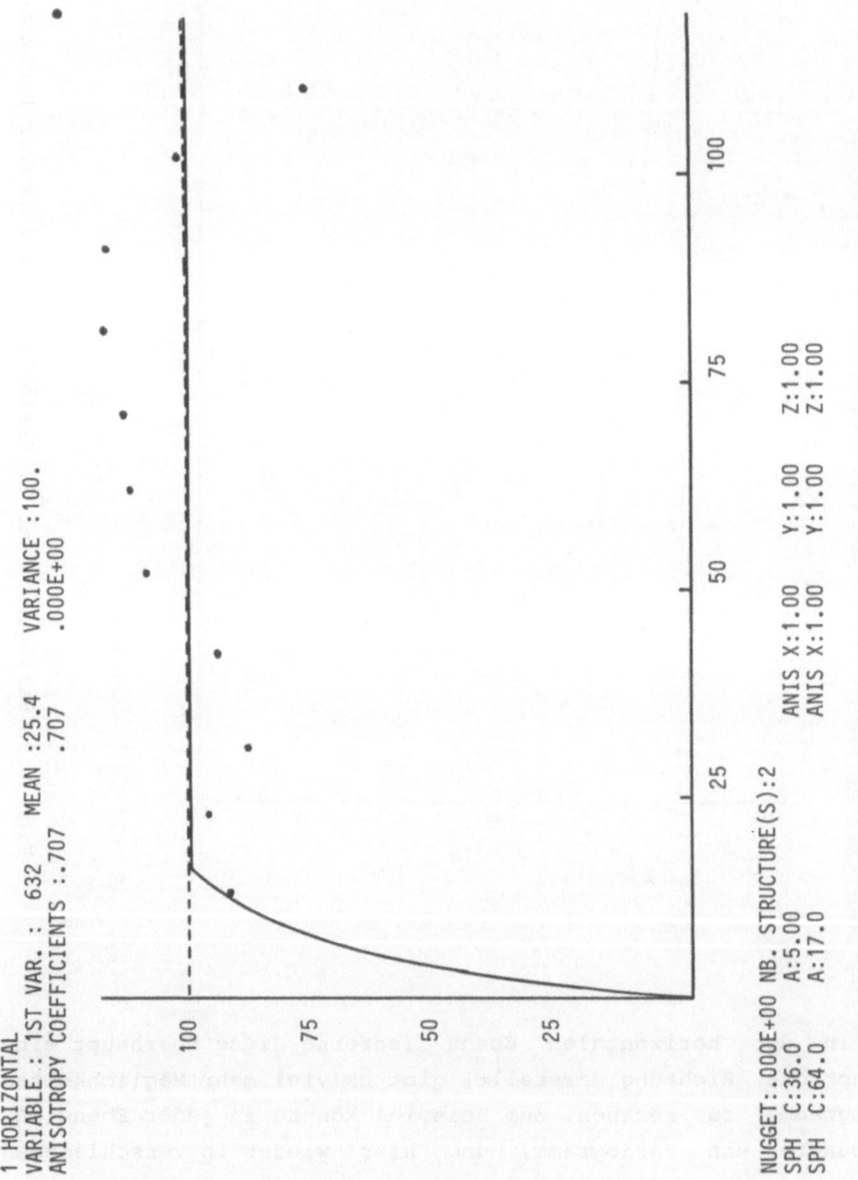

Fig. 6.4. Variogramm der 1. Variablen in horizontaler Richtung.

wurden wieder zweifach geschachtelte sphärische Variogramme verwendet, wobei die 1. Variable isotropisch escheint. Die 2. Variable weist im 2. Variogramm einen halb so grossen Bereich als jenes in der vertikalen Richtung auf. Dies wird durch die Anisotropiefaktoren (abgekürzt ANIS) ausgedrückt.

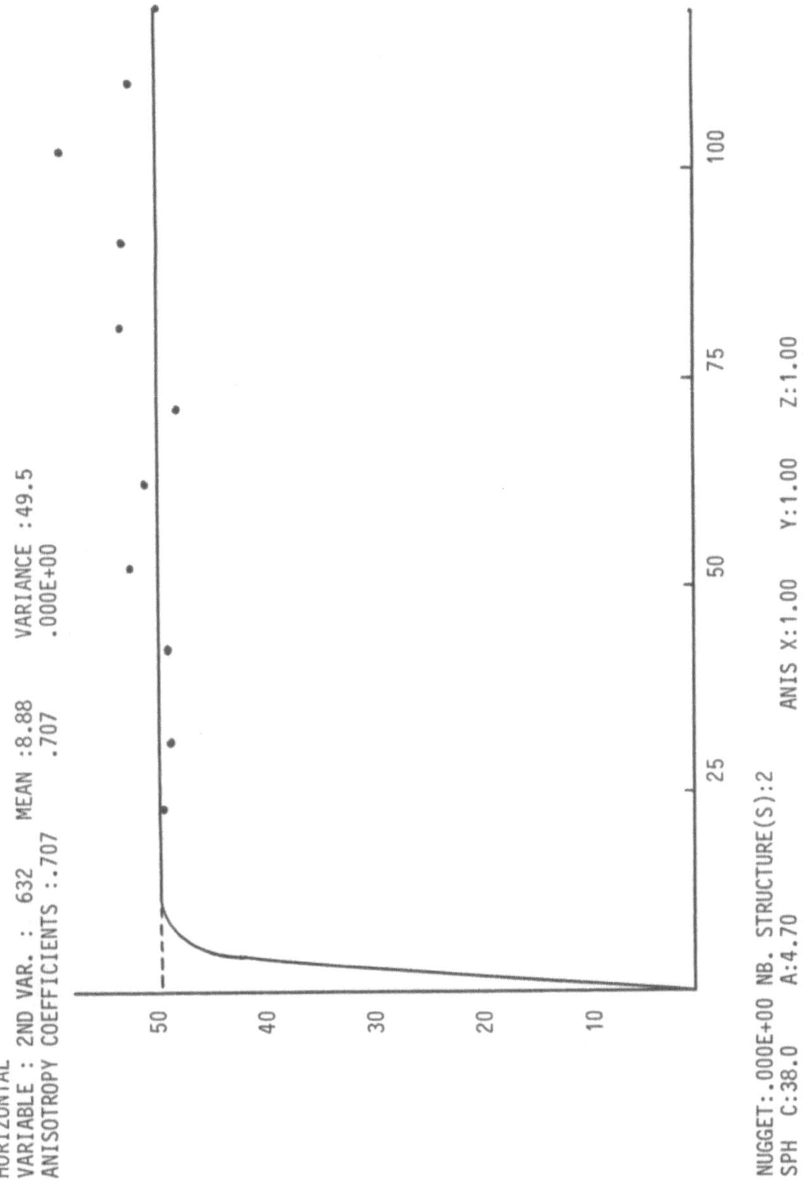

Fig. 6.5. Variogramm der 2. Variablen in horizontaler Richtung.

```
                      Ursprung                                                     Anzahl der Blöcke
              X          Y           Z          Länge     Breite     Höhe
WORK(1).PARADAT
   1      370.000    4870.000     35.000       10.000     10.000     2.000       8     11     8
   2          1          8           1      11          1       8
   3         -5          1           1
   4        4        2       2        15       8      20     -.500
   5          6 =NL      3           3         3                          NL = Anzahl der Gewichte
   6     1    2    4    4    8    8   = Anzahl der Blöcke/Gewicht
   7    14
   8     5   23                                  Identifikation der
   9    11   13   15   17
  10    10   12   16   18                         Blöcke/Gewicht
  11     2    4    6    8   20   22   24   26
  12     1    3    7    9   19   21   25   27
  13          1         2       = Nummern der Variablen
  14   1ST VAR 2ND VAR
  15          2     .0000      ... Anzahl der geschachtelten Strukturen, Nuggeteffekt
  16         36.00000        5.00000   2     1.0000       1.0000       1.0000  } 1st Var.
  17         64.00000       17.00000   2     1.0000       1.0000       1.0000  }
  18          2     .0000
  19         38.00000        4.70000   2     1.0000       1.0000       1.0000  } 2nd Var.
  20         11.50000       20.00000   2     2.0000       2.0000       1.0000  }
                                       ↑
                                      Typ     Anisotropien in x-, y- und z-Richtung
                                   (sphär.)
```

$$(h = \sqrt{a^2x^2 + b^2y^2 + c^2z^2})$$

Tab. 6.3. Inhalt des Parameterfiles WORK.PARADAT für das Variogramm.

Die gefundenen Parameter der angepassten Variogrammodelle müssen in einen Datenfile, einen Massenspeicher, eingetragen werden, um beim späteren Krigen vom Computer gelesen werden zu können. In unserem Fall an der UNIVAC heisst der File WORK.PARADAT (siehe Fig. 6.2), in dem auch noch andere "Krige-Parameter" angegeben werden müssen. Zum Beispiel sieht man diesen File für unseren Fall in Tab 6.3 aufgelistet, wo auch Nummern der Blöcke der Umgebung spezifiziert sind. Nach der gefundenen geometrischen Anisotropie kann in gewissen Richtungen die Isotropie ausgenützt werden (z.B. in den horizontalen Ebenen). Damit sind Messstellen in diesen Richtungen mit gleichen Abständen zum zu schätzenden Block bezüglich der Gewichte im Krige-Schätzer äquivalent. Dies wird in den Zeilen "Identifikation der Blöcke/Gewichte" in Tab. 6.3 spezifiziert. Betrachtet man die kleine Skizze daneben, mit der Identifikation von Nachbarblöcken vom Block Nr. 14, so sieht man, dass die

```
VARIABLE:HOLE    XOY CROSS-SECTION NUMBER : 1

LOCATION OF THE :  KZ=   1  I1=   1  I2=   8
    CROSS-SECTION  -------  J1=   1  J2=  11


       1    2    3    4    5    6    7    8
    *----*----*----*----*----*----*----*----*
  1 ! 79 ! 68 ! 57 ! 46 ! 35 ! 24 !    !    !
    *----*----*----*----*----*----*----*----*
  2 ! 78 ! 67 ! 56 ! 45 ! 34 ! 23 ! 13 !    !
    *----*----*----*----*----*----*----*----*
  3 ! 77 ! 66 ! 55 ! 44 ! 33 ! 22 ! 12 !    !
    *----*----*----*----*----*----*----*----*
  4 ! 76 ! 65 ! 54 ! 43 ! 32 ! 21 ! 11 !    !
    *----*----*----*----*----*----*----*----*
  5 ! 75 ! 64 ! 53 ! 42 ! 31 ! 20 ! 10 !    !
    *----*----*----*----*----*----*----*----*
  6 ! 74 ! 63 ! 52 ! 41 ! 30 ! 19 !  9 !    !
    *----*----*----*----*----*----*----*----*
  7 ! 73 ! 62 ! 51 ! 40 ! 29 ! 18 !  8 !    !
    *----*----*----*----*----*----*----*----*
  8 ! 72 ! 61 ! 50 ! 39 ! 28 ! 17 !  7 !    !
    *----*----*----*----*----*----*----*----*
  9 ! 71 ! 60 ! 49 ! 38 ! 27 ! 16 !  6 !  3 !
    *----*----*----*----*----*----*----*----*
 10 ! 70 ! 59 ! 48 ! 37 ! 26 ! 15 !  5 !  2 !
    *----*----*----*----*----*----*----*----*
 11 ! 69 ! 58 ! 47 ! 36 ! 25 ! 14 !  4 !  1 !
    O----*----*----*----*----*----*----*----*
```

Outp. 6.3. Tabelle der Bohrungsnummern, erzeugt durch VUE.

Blöcke 5 und 23 gleiches Gewicht haben müssen; genauso 11, 13, 15 und 17, etc.

Im dritten Zweig werden die Daten durch das Program CLAS4 reorganisiert, in regelmässige Parallelepipede umgeordnet und für den schnellen und (relativ) leichten Zugriff des Krige-Programms in einem Massenspeicher mit Namen CLAS4DAT abgelegt.

Im vierten Zweig definiert man eine Enveloppe, die alle zu krigenden Blöcke umfasst. Diese Indikatoren werden ebenfalls in einem File (IEXPDAT) abgespeichert. Die Inhalte dieser beiden Speicher können mit einem Hilfsprogramm (VUE) sichtbar gemacht werden.

```
VARIABLE :2ND VAR        XOY CROSS-SECTION NUMBER :          8

 LOCATION OF THE     :  KZ=       8    I1=       1  I2=       8
    CROSS-SECTION       ---------      J1=       1  J2=      11
```

	1	2	3	4	5	6	7	8
1	31.6	6.8	9.0	16.4	8.1	6.0		
2	8.4	6.5	4.4	3.1	7.2	7.3	5.8	
3	5.2	15.5	9.1	5.4	8.4	8.3	8.0	
4	6.5	4.0	6.5	6.0	5.3	9.1	8.1	
5	7.3	44.8	9.5	6.9	5.6	7.5	8.5	
6	17.7	6.3	3.4	13.7	5.3	6.8	5.7	
7	6.5	7.3	5.7	7.0	6.5	7.4	7.3	
8	7.3	5.3	4.7	6.5	11.3	9.1	6.2	
9	13.9	7.8	7.8	4.1	5.2	7.3	41.3	7.0
10	17.8	18.5	33.2	8.6	5.1	9.3	14.2	6.8
11	4.8	6.8	6.2	8.9	15.2	38.8	7.5	7.4

Outp. 6.4. Tabelle der Werte der 2. Variablen in der 8. Ebene, erzeugt durch VUE.

Wenn man z.B. eine Tabelle der Bohrungsnummern haben möchte, dann könnte man eine Tabelle wie in der Form von Outp. 6.3 erhalten. Ruft man eine Tabelle der Werte der 2. Variablen in der (etwa) 8. (und untersten) Schichte ab, so erhält man Outp. 6.4.

Die wesentlichen Parameter für das Krigen, die Zusammenfassung der Gewichtsfaktoren und die Definition der Variogrammmodelle, werden nochmals in übersichtlicher Form vom Krigeprogramm zu Beginn gedruckt (siehe Outp. 6.5).

```
                                                   ****KRIGING OF BLOCKS****

   SIZE : DX=    10.000 DY=    10.000 DZ=     2.000
 ORIGIN OF NETWORK :  X0=      370.000  Y0=    4870.000  Z0=        35.000
 GRID WITH  11 ROWS,   8 COLUMNS AND   8 LEVELS
 KRIGING PLAN :  6 WEIGHTING FACTORS
WEIGHTING FACTOR : IDENTIFYING NUMBERS OF THE BLOCKS IN THE NEIGHBOURHOOD
       1      : 14
       2      :  5 23
       3      : 11 13 15 17
       4      : 10 12 16 18
       5      :  2  4  6  8 20 22 24 26
       6      :  1  3  7  9 19 21 25 27
 NUMBER OF VARIABLES TO BE KRIGED =  2    STRUCTURAL CHARACTERISTICS :
                                          ********************************

 VARIABLE : 1ST VAR              NUGGET EFFECT :       .0000
 *******************
     STRUCTURE : 1            TYPE :  SPHERICAL
          SILL        RANGE      ANISOTROPIES:  X        Y        Z
          36.0000       5.000                1.00     1.00     1.00
     STRUCTURE : 2            TYPE :  SPHERICAL
          SILL        RANGE      ANISOTROPIES:  X        Y        Z
          64.0000      17.000                1.00     1.00     1.00

     CBAR(V,V)  =           40.6064

 VARIABLE : 2ND VAR              NUGGET EFFECT :       .0000
 *******************
     STRUCTURE : 1            TYPE :  SPHERICAL
          SILL        RANGE      ANISOTROPIES:  X        Y        Z
          38.0000       4.700                1.00     1.00     1.00
     STRUCTURE : 2            TYPE :  SPHERICAL
          SILL        RANGE      ANISOTROPIES:  X        Y        Z
          11.5000      20.000                2.00     2.00     1.00

     CBAR(V,V)  =            8.0189
```

Outp. 6.5. Ausgedruckte Spezifikationen vom Krige-Programm.

Nun wird das eigentliche Krigen, d.h. das Berechnen der durchschnittlichen Variogramme und der zu schätzenden durchschnittlichen Blockwerte, durchgeführt. Einen winzigen Ausschnitt des produzierten Listings geben wir in Outp. 6.6 wieder. Für die oberste Schichte und einen Panel in der y-Richtung werden die geschätzten Durchschnitte und Varianzen der Blöcke sowie die errechneten Schätzkoeffizienten μ und λ_i, i = 1,...6 angegeben. Der wesentliche Output wird jedoch auf einen Massenspeicher geschrieben (KRIGDAT.), der wieder mit VUE nach Wunsch sichtbar gemacht werden kann. Outp. 6.7 zeigt zum Beispiel eine Schichte mit geschätzten Mittelwerten und Schätzvarianzen von allen zu schätzenden Blöcken.

```
                                   ** RESULTS OF THE KRIGING BLOCK BY BLOCK **

THE VALUE -.50000+000 CORRESPONDS TO MISSING OR ELIMINATED VALUES
VARIABLES:         1ST VAR          2ND VAR

    **** LEVEL   1   Z=  35.000****
    -------------------------------

****BLOCK IX=   1 IY=   1 XB=      370.000 YB=     4970.000        IZ=   1
 VARIABLES  AVERAGES  VARIANCES       MU      WEIGHTING FACTORS
 1ST VAR     17.125     17.776  -.971+001  .39  .21  .17  .05  .13  .04
 2ND VAR      5.871     10.632  -.685+001  .28  .15  .19  .09  .19  .09
****BLOCK IX=   1 IY=   2 XB=      370.000 YB=     4960.000        IZ=   1
 VARIABLES  AVERAGES  VARIANCES       MU      WEIGHTING FACTORS
 1ST VAR     26.394     15.194  -.517+001  .36  .18  .20  .06  .15  .05
 2ND VAR      9.654      8.820  -.448+001  .24  .12  .20  .12  .20  .12
****BLOCK IX=   1 IY=   3 XB=      370.000 YB=     4950.000        IZ=   1
 VARIABLES  AVERAGES  VARIANCES       MU      WEIGHTING FACTORS
 1ST VAR     21.660     15.194  -.517+001  .36  .18  .20  .06  .15  .05
 2ND VAR     18.621      8.820  -.448+001  .24  .12  .20  .12  .20  .12
****BLOCK IX=   1 IY=   4 XB=      370.000 YB=     4940.000        IZ=   1
 VARIABLES  AVERAGES  VARIANCES       MU      WEIGHTING FACTORS
 1ST VAR     20.034     15.194  -.517+001  .36  .18  .20  .06  .15  .05
 2ND VAR     12.606      8.820  -.448+001  .24  .12  .20  .12  .20  .12
****BLOCK IX=   1 IY=   5 XB=      370.000 YB=     4930.000        IZ=   1
 VARIABLES  AVERAGES  VARIANCES       MU      WEIGHTING FACTORS
 1ST VAR     17.388     15.194  -.517+001  .36  .18  .20  .06  .15  .05
 2ND VAR     13.477      8.820  -.448+001  .24  .12  .20  .12  .20  .12
****BLOCK IX=   1 IY=   6 XB=      370.000 YB=     4920.000        IZ=   1
 VARIABLES  AVERAGES  VARIANCES       MU      WEIGHTING FACTORS
 1ST VAR     21.455     15.194  -.517+001  .36  .18  .20  .06  .15  .05
 2ND VAR     11.583      8.820  -.448+001  .24  .12  .20  .12  .20  .12
****BLOCK IX=   1 IY=   7 XB=      370.000 YB=     4910.000        IZ=   1
 VARIABLES  AVERAGES  VARIANCES       MU      WEIGHTING FACTORS
 1ST VAR     19.975     15.194  -.517+001  .36  .18  .20  .06  .15  .05
 2ND VAR      9.659      8.820  -.448+001  .24  .12  .20  .12  .20  .12
****BLOCK IX=   1 IY=   8 XB=      370.000 YB=     4900.000        IZ=   1
 VARIABLES  AVERAGES  VARIANCES       MU      WEIGHTING FACTORS
 1ST VAR     26.565     15.194  -.517+001  .36  .18  .20  .06  .15  .05
 2ND VAR      7.169      8.820  -.448+001  .24  .12  .20  .12  .20  .12
****BLOCK IX=   1 IY=   9 XB=      370.000 YB=     4890.000        IZ=   1
 VARIABLES  AVERAGES  VARIANCES       MU      WEIGHTING FACTORS
 1ST VAR     27.492     15.194  -.517+001  .36  .18  .20  .06  .15  .05
 2ND VAR      9.854      8.820  -.448+001  .24  .12  .20  .12  .20  .12
****BLOCK IX=   1 IY=  10 XB=      370.000 YB=     4880.000        IZ=   1
 VARIABLES  AVERAGES  VARIANCES       MU      WEIGHTING FACTORS
 1ST VAR     20.300     15.194  -.517+001  .36  .18  .20  .06  .15  .05
 2ND VAR     13.244      8.820  -.448+001  .24  .12  .20  .12  .20  .12
****BLOCK IX=   1 IY=  11 XB=      370.000 YB=     4870.000        IZ=   1
 VARIABLES  AVERAGES  VARIANCES       MU      WEIGHTING FACTORS
 1ST VAR     22.048     17.205  -.920+001  .39  .21  .17  .05  .14  .04
 2ND VAR     10.130     10.577  -.681+001  .28  .15  .20  .09  .19  .09
```

Outp. 6.6. Geschätzte Durchschnittswerte, Varianzen und Gewichtsfaktoren.

LOCATION OF THE CROSS-SECTION : KZ= 1 ----------- I1= 1 I2= 8 J1= 1 J2= 11

	1	2	3	4	5	6	7	8
1	17.1	25.7	23.2	25.9	28.8	28.1	20.0	3.0
	17.8	15.2	15.2	15.2	15.2	16.4	52.5	116.7
	5.9	6.2	7.8	8.2	6.8	5.3	5.3	5.2
	10.6	8.8	8.8	8.8	8.8	9.6	19.8	45.2
2	26.4	29.4	23.9	29.7	34.1	30.4	12.4	4.0
	15.2	13.6	13.6	13.6	13.6	13.7	16.2	70.2
	9.7	8.2	6.8	7.9	7.2	5.5	5.6	5.2
	8.8	7.7	7.7	7.7	7.7	7.9	9.6	26.1
3	21.7	27.8	19.7	27.4	33.5	31.5	12.1	5.4
	15.2	13.6	13.6	13.6	13.6	13.6	14.7	59.0
	18.6	8.4	6.6	6.9	6.6	5.9	5.5	5.1
	8.8	7.7	7.7	7.7	7.7	7.7	8.8	20.1
4	20.0	27.9	29.3	24.3	32.7	30.3	14.3	9.7
	15.2	13.6	13.6	13.6	13.6	13.6	14.7	59.0
	12.6	10.4	6.2	5.2	6.6	6.7	6.5	4.6
	8.8	7.7	7.7	7.7	7.7	7.7	8.8	20.1
5	17.4	22.9	24.2	26.5	27.2	28.4	17.4	12.2
	15.2	13.6	13.6	13.6	13.6	13.6	14.7	59.0
	13.5	8.6	6.7	5.6	6.4	10.4	6.1	4.0
	8.8	7.7	7.7	7.7	7.7	7.7	8.8	20.1
6	21.5	23.4	18.4	22.9	24.2	27.6	19.1	20.3
	15.2	13.6	13.6	13.6	13.6	13.6	14.7	59.0
	11.6	9.8	7.6	9.1	9.1	9.0	10.1	4.5
	8.8	7.7	7.7	7.7	7.7	7.7	8.8	20.1
7	20.0	28.6	26.5	26.7	23.2	26.0	30.5	27.9
	15.2	13.6	13.6	13.6	13.6	13.6	14.7	59.0
	9.7	10.0	9.1	7.8	10.5	16.7	10.2	5.6
	8.8	7.7	7.7	7.7	7.7	7.7	8.8	20.1
8	26.6	27.6	27.2	20.7	24.9	31.2	32.8	26.4
	15.2	13.6	13.6	13.6	13.6	13.6	14.4	47.9
	7.2	7.1	9.8	10.4	9.8	10.2	10.9	6.9
	8.8	7.7	7.7	7.7	7.7	7.7	8.3	16.9
9	27.5	26.2	28.8	28.2	23.7	32.1	31.2	15.1
	15.2	13.6	13.6	13.6	13.6	13.6	13.7	16.2
	9.9	8.1	7.4	6.9	7.4	9.6	7.9	6.1
	8.8	7.7	7.7	7.7	7.7	7.7	7.9	9.6
10	20.3	29.5	28.4	26.7	20.2	20.6	27.1	12.7
	15.2	13.6	13.6	13.6	13.6	13.6	13.6	14.7
	13.2	9.1	7.2	6.0	7.5	9.1	8.3	5.9
	8.8	7.7	7.7	7.7	7.7	7.7	7.7	8.8
11	22.0	28.4	27.5	27.8	21.1	19.8	25.5	12.3
	17.2	14.7	14.7	14.7	14.7	14.7	14.7	16.6
	10.1	8.9	6.3	6.7	9.4	11.2	9.4	6.5
	10.6	8.8	8.8	8.8	8.8	8.8	8.8	10.5

VARIABLE :KRIGING XOY CROSS-SECTION NUMBER : 2

Outp. 6.7. Krige-Schätzwerte für Mittelwert und Varianz der beiden Variablen.

6.5 Fallstudie: Krigen einer Kohlenlagerstätte

In diesem Abschnitt bringen wir einen illustrativen Ausschnitt einer aktuellen Analyse der Braunkohlenlagerstätte Trimmelkam, der Salzach-Kohlenbergbaugesellschaft (SAKOG), Trimmelkam, Oberösterreich. Seit 1948 werden ca. 40 km nördlich von der Stadt Salzburg Braunkohlenflöze des Badenien bergmännisch gewonnen. Die jährliche Produktion beträgt zur Zeit 650 000 t Kohle. Es handelt sich hiemit also um einen kleinen bis mittleren Betrieb, welcher zur Zeit etwa ein Viertel der österreichischen Braunkohlenproduktion deckt. Regionalgeologisch liegt die Lagerstätte Trimmelkam in miozänen Sedimenten der oberösterreichische Molassezone.

Die Flöze liegen zum Teil auf brackischen Oncophora-Schichten und zum Teil auf limnisch-fluviatilen Sedimenten der bunten Serie in einem erosionsbedingten Relief. Diese kohleführende Schicht wird als die Graue Serie bezeichnet und stratigraphisch ins Badenien gestellt. Sie besteht vorwiegend aus vertonten Sanden, die im nördlichen Anteil mit mehreren wasserführenden Schotterhorizonten verzahnen. Im Hangenden liegen 30 - 40 m mächtige plastische Tone, welche als Grüne Serie bezeichnet werden. Den Abschluss der tertiären Sedimente bilden Schotter des Sarmats. In der Eiszeit folgte eine Überprägung und teilweise tiefgründige Erosion des Tertiärs durch den Salzachgletscher, dessen Seiten- und Grundmoränen nun als oberstes Schichtpaket liegen.

Die Lagerstätte selbst kann in mehrere Teilmulden untergliedert werden, von denen die südlichen Bereiche bereits abgebaut worden sind. Derzeit werden die nördliche Mulde im Bereich Tarsdorf und die Mulde im Nordosten bergmännisch aufgeschlossen.

Für die Analyse standen Werte von 236 Bohrungen in dieser Region von ca. 10 * 10 km zur Verfügung. Je Bohrung wurden unter anderem die geographischen Koordinaten, die Seehöhe der Schichten Sarmat, Grüne Serie, Graue Serie, Bunte Serie, Glaukonitische Serie, Sand-Schotter-Gruppe, Mittelflöz liegend (Mittelflözunterkante), Unterflöz hangend (Unterflözoberkante), Unterflöz hangend (bauwürdig), weiters die Mächtigkeit des

Mittelflözes, des Unterflözes (geologisch), des Unterflözes (bauwürdig) sowie die Reinkohlenmächtigkeit und Taubmittelmächtigkeit des Unterflözes registriert.

Wir beschränken uns hier auf die Variablen geographische Koordinaten in Nord- und Ostrichtung, bauwürdige Mächtigkeit des Unterflözes und Seehöhe Unterflöz hangend, wobei bei einem fehlenden Wert der letzten Variablen die Seehöhe der darüberliegenden Schichte "Top Bunte Serie" genommen wird. In diesem Abschnitt betrachten wir im wesentlichen nur die Variable "Seehöhe Unterflöz hangend bzw. Top Bunte Serie", die wir in Zukunft kurz "Seehöhe Unterflöz" nennen werden. Die Auflistung der vollständigen Daten und Zeichnungen über das ganze Gebiet würde den Rahmen dieses Buches sprengen. Deshalb beschränken wir uns nochmals auf ein kleines Teilgebiet von 2 * 2 km im Bereich der Mulde Tarsdorf, das als Illustration dienen soll.

Die Daten in dem Teilgebiet mit Namen der Bohrung, den geographischen Koordinaten, Seehöhe, Unterflöz und bauwürdiger Mächtigkeit Unterflöz sind in Tab. 6.4 aufgelistet. Dabei bedeutet die Zahl 999.99 einen nicht-vorhandenen Wert.

Tab. 6.4. Messwerte von 30 Bohrungen der Lagerstätte Trimmelkamm.

Bohrungs-name	Koordinate Nord	Koordinate Ost	Seehöhe Unterfölz [m]	bauwürdige Mächtigkeit [m]
BOHRUNG 11	5324006.42	-35567.76	323.31	.20
DÖSTLING 4	5324919.83	-36926.77	306.16	.00
DÖSTLING 5	5324495.76	-36765.03	301.66	1.89
DÖSTLING 6	5324879.69	-36599.26	300.88	.40
DÖSTLING 8	5324686.48	-36772.52	304.08	.00
DÖSTLING 9	5324795.64	-36454.11	293.73	2.00
DÖSTLING 10	5324640.23	-36624.51	296.11	1.34
DÖSTLING 11	5324495.89	-36591.77	296.53	2.23
ERNSTING 1	5324497.50	-35322.00	313.03	.33
ERNSTING 4	5324253.82	-35542.11	309.92	.88
ERNSTING 5	5324182.51	-36027.12	296.29	2.83
ERNSTING 7	5324417.98	-35790.71	303.15	2.32
ERNSTING 9	5324124.70	-35726.26	323.11	.00
ERNSTING 10	5324226.13	-35856.55	305.04	1.91
ERNSTING 11	5324432.55	-36069.98	294.13	3.63

ERNSTING 12	5324271.22	-36160.51	295.10	2.95
ERNSTING 13	5324111.84	-35817.84	311.17	1.77
ERNSTING 14	5324329.52	-35653.93	306.22	2.15
ERNSTING 15	5324332.81	-35334.98	318.64	1.18
ERNSTING 17	5324413.84	-35100.49	308.91	1.90
ERNSTING 18	5324215.36	-35052.34	322.90	.78
FUCKING 3	5325673.03	-35206.14	322.67	.00
FUCKING 4	5325591.13	-35497.37	302.25	.35
SINZING 6	5324296.54	-36359.44	304.23	.84
SINZING 7	5324191.77	-36572.41	326.62	.10
SINZING 8	5324513.03	-33608.75	294.48	2.29
SINZING 9	5324397.02	-36528.90	303.61	.75
SINZING 10	5324283.15	-36834.13	327.62	.40
SINZING 11	5324095.04	-36329.70	305.77	1.52
WIMM 2	5324002.28	-35091.34	327.73	.20
WINHAM 1	5325605.89	-36263.90	295.56	1.20
WINHAM 2	5325791.09	-35819.78	300.21	.00
WINHAM 3	5325464.24	-36751.99	305.47	.00
WINHAM 4	5325485.38	-36440.43	299.79	.52
WINHAM 5	5325918.33	-36210.62	291.12	.74
WINHAM 6	5325768.44	-36777.20	302.05	.13
WINHAM 9	5325586.18	-35932.97	287.37	1.83
WINHAM 10	5325510.80	-36131.80	287.56	.55
WOLFING 1	5324695.98	-36087.04	292.31	1.87
WOLFING 2	5325142.54	-36476.54	302.92	.45
WOLFING 3	5325085.21	-35654.90	289.43	2.42
WOLFING 4	5324591.61	-36424.44	292.52	2.85
WOLFING 5	5325124.64	-35150.04	298.83	2.20
WOLFING 6	5324698.40	-35599.30	312.19	.03
WOLFING 8	5324730.88	-35211.04	298.90	3.37
WOLFING 9	5325154.69	-36103.29	287.02	2.43
WOLFING 10	5325432.89	-35678.30	289.17	3.52
WOLFING 11	5324855.52	-36239.07	289.50	3.51
WOLFING 14	5324903.42	-35852.33	298.67	.00
WOLFING 15	5325365.21	-35384.11	293.41	.92
WOLFING 16	5324603.22	-35877.01	296.14	2.32
WOLFING 17	5324869.48	-36051.47	293.23	3.52
WOLFING 18	5325091.16	-35896.21	291.23	2.38
WOLFING 19	5324770.84	-35927.05	301.70	2.25
WOLFING 20	5324971.85	-35760.91	296.84	2.28
WOLFING 21	5324645.09	-35721.68	311.57	.20

Fig. 6.6 und Fig. 6.7 zeigen die errechneten Variogramme aus <u>allen</u> Daten in Nord- bzw. Ostrichtung. Es gibt offensichtlich einen sehr starken Trend zu erkennen, wobei dieser in Richtung Nord früher "einsetzt" als in Richtung Ost. Wenn man von "Quasi-Stationarität" sprechen kann, dann ist der entsprechende Bereich in Richtung Norden kürzer als in die andere. Ein Erklärung dafür bietet das Generaleinfallen der stratigraphischen Einheiten in nordwestlicher Richtung.

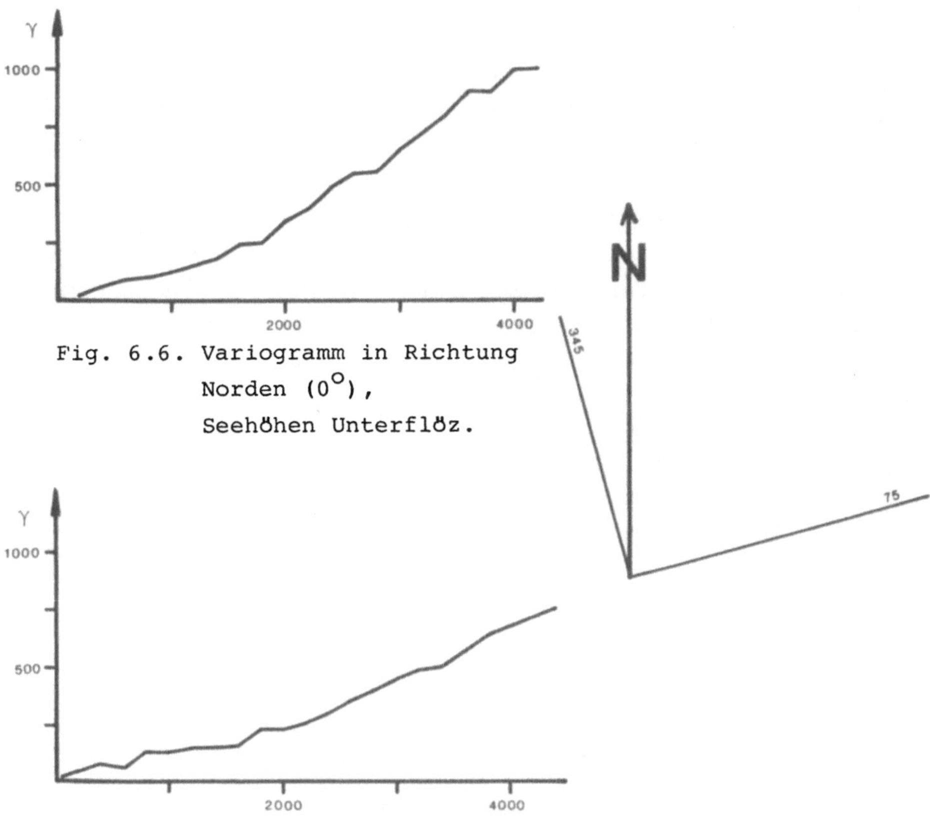

Fig. 6.6. Variogramm in Richtung Norden (0°), Seehöhen Unterflöz.

Fig. 6.7. Variogramm in Richtung Osten (90°), Seehöhen Unterflöz.

Denken wir uns eine Ebene, die den Trend in NNW darstellen soll und betrachten wir die korrigierten Werte. Diese Ebene wird in der "Trendanalyse" (auf die in diesem Buch nicht näher eingegangen wird) durch einfache lineare Regression gefunden. Bezeichnen wir die geographischen Koordinaten in Richtung Ost mit x und in Richtung Nord mit y so lautet die Definition der Ebene

$$\hat{z} = b_0 + b_1 x + b_2 y,$$

wobei $\hat{z}$ die Werte auf der Ebene bezeichnen. Der Koeffizient b_1 muss dabei positiv und b_2 negativ sein. Der steilste Einfall ist neben Fig. 6.6 auch mit der Richtung 345° angedeutet.

Betrachten wir nun die Residuen $z_i' = z_i - \hat{z}_i$, die Differenz zwischen den gemessenen Werten z_i und den entsprechenden auf der Ebene $\hat{z}_i$, so sollten diese keinen (zumindest keinen linearen) Trend mehr aufweisen. Errechnete Variogramme mit diesen Residuen sind in Fig. 6.8 und Fig. 6.9 dargestellt, wobei, um nochmals der speziellen, richtungsabhängigen Struktur Rechnung zu tragen, ein Variogramm in Richtung NNW, genau in Richtung 345°, und das andere in Richtung 75° ermittelt wurden. Sie sind nicht sehr verschieden, was zumindest auf eine zonale Anisotropie schliessen lässt.

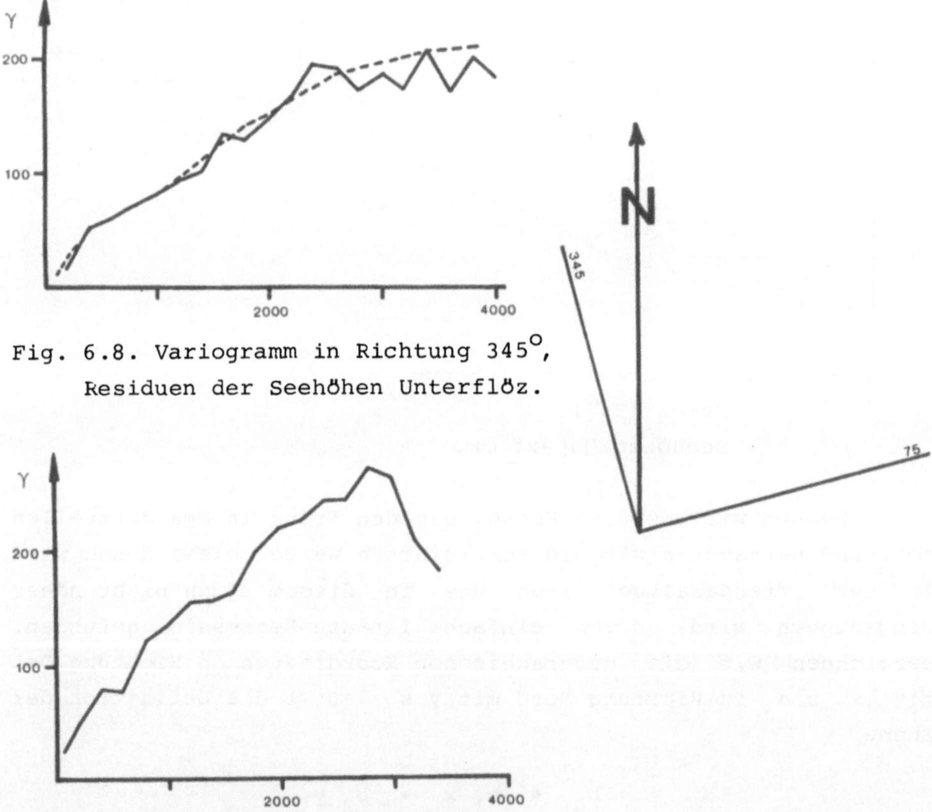

Fig. 6.8. Variogramm in Richtung 345°, Residuen der Seehöhen Unterflöz.

Fig. 6.9. Variogramm in Richtung 75°, Residuen der Seehöhen Unterflöz.

Fig. 6.8 enthält noch ein angepasstes Variogramm der Form

$$\gamma(h) = \gamma_1(h) + \gamma_2(h),$$

wobei diese geschachtelte Struktur am günstigsten mit der Summe eines sphärischen und eines Gauss'schen Variogrammes, also

$$\gamma_1(h) = C_1\left[\frac{3}{2}\left(\frac{h}{a_1}\right) - \frac{1}{2}\left(\frac{h}{a_1}\right)^3\right] \qquad (h \leq a_1)$$

mit $C_1 = 45m^2$, $a_1 = 500m$ und

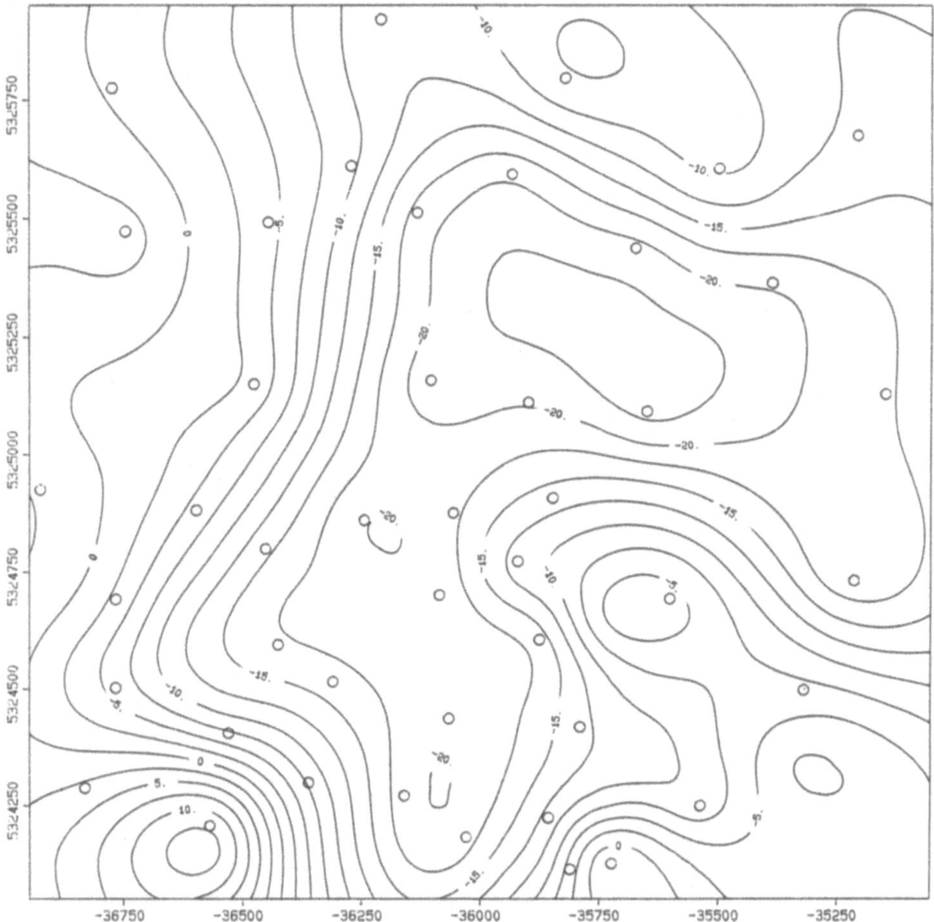

Fig. 6.10. Gekrigte Residuen der Seehöhen Unterflöz.

$$\gamma_2(h) = C_2[1 - e^{-(h/a_2)^2}]$$

mit $C_2 = 170m^2$ und $a_2 = 2000m$, gefunden wurde.

Nachdem eine bestimmte Verteilungsstruktur mit Hilfe der Variogramme definiert worden ist, können Werte unserer Variablen zwischen den Messstellen (Bohrungen) in einer gewissen Weise optimal geschätzt werden, nämlich über die linearen Krige-Schätzer. Solche geschätzte Werte auf "engmaschigen" Gittern

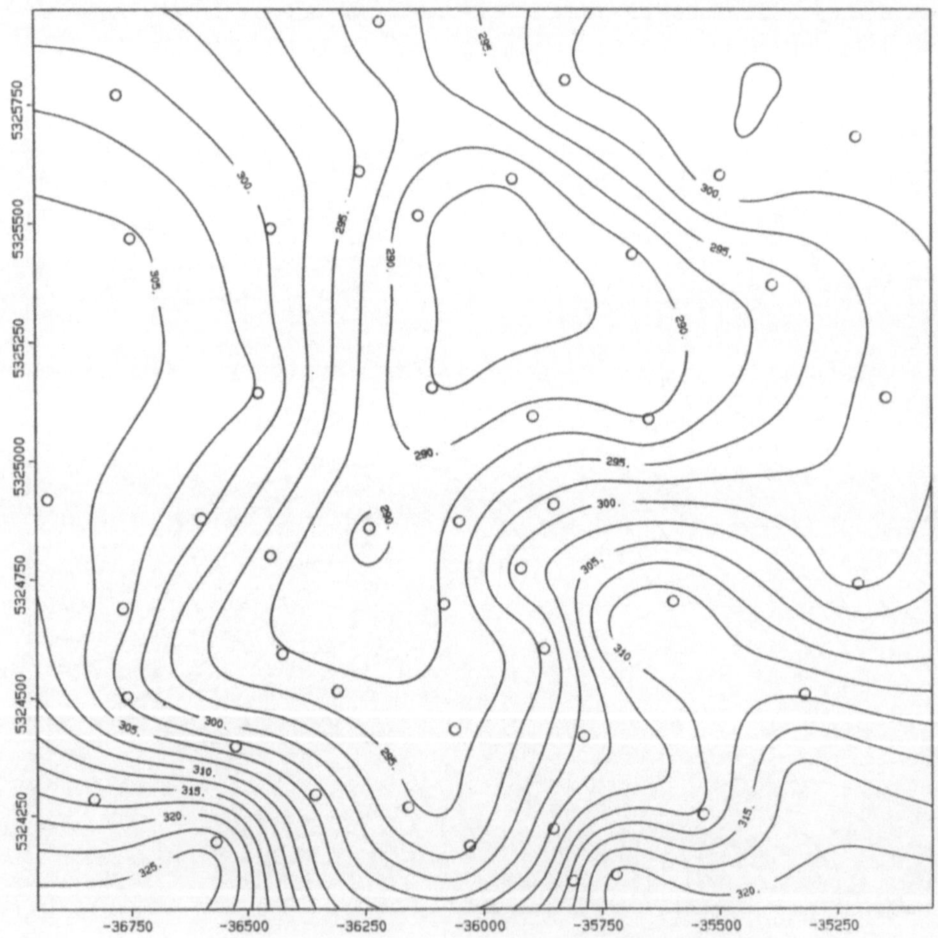

Fig. 6.11. Gekrigte Werte der Seehöhen Unterflöz.

werden günstig durch Höhenschichtlinien über ein numerisches Interpolationsverfahren (z.B. kubische Splines) dargestellt. Fig. 6.10 zeigt eine solche "Karte" der Residuen des Ausschnittes von 2 * 2 km der Lagerstätte. Die Bohrlöcher sind durch kleine Kreise gekennzeichnet. Dem mathematisch orientierten Leser wird auffallen, dass sich die Residuen nicht zu null summieren. Die Darstellung ist jedoch nur ein Ausschnitt aus der Berechnung des gesamten Bereiches.

Addieren wir zu den gekrigten (interpolierten) Werten der Residuen die Werte auf der Ebene des errechneten Drifts, so erhalten wir absolute Werte unserer Variablen. Fig. 6.11 zeigt die gekrigten Werte (bzw. die interpolierten Höhenschichtlinien) der Seehöhen Unterflöz.

7. Simulation von Lagerstätten

Man stellt zwei Anforderungen an Lagerstättenmodelle:

(a) durchschnittliche Werte sollen so gut wie möglich angenähert werden;

(b) Fluktuationen sollen so gut wie möglich dargestellt werden.

Die erste Anforderung erfüllt das Krigen, die zweite kann durch Simulation befriedigt werden. Es heisst, dass "Entscheidungen auf durchschnittlichen Werten basieren, abgebaut werden jedoch 'wirkliche' Werte".

7.1 Bedingte Simulation

Angenommen, wir hätten Werte der regionalisierten Variablen z an den Stellen $\underset{\sim}{x}_1,\ldots,\underset{\sim}{x}_n$, d.h. $z(\underset{\sim}{x}_i)$, $i = 1,\ldots,n$, gemessen. Dann weiss man noch (fast) nichts über die Werte an anderen Stellen $\underset{\sim}{x}$. Diese Werte könnte man durch irgendeinen Zufallsprozess $y(\underset{\sim}{x})$ simulieren. Naheliegende Einschränkungen wären allerdings, dass (a) die simulierten Werte $y(\underset{\sim}{x})$ gleich den gemessenen an den Stellen $\underset{\sim}{x}_i$ sind, nämlich $y(\underset{\sim}{x}_i) = z(\underset{\sim}{x}_i)$, und (b) die simulierten Werte die gleiche Verteilungsstruktur aufweisen wie die aus den gemessenen Werten errechnete Struktur.

Fig. 7.1 illustriert die Simulation anhand eines Profils. Die kleinen Kreise repräsentieren die Messpunkte, auf der durchgezogenen Linie liegen die tatsächlichen Werte. Die Kurve der

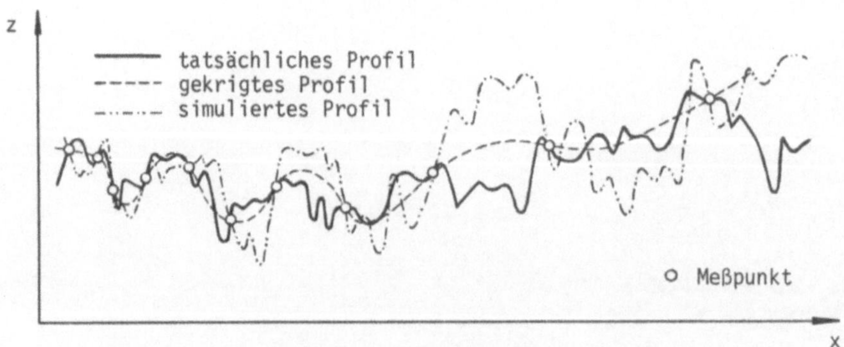

Fig. 7.1. Vergleich: Simulation - Krigen.

gekrigten Werte ist sehr ausgeglichen, während die simulierten Werte eher die Fluktuation der Variablen wiedergeben.

7.2 Bedingen einer Simulation

Nehmen wir an, dass die regionalisierte Variable $z(\underset{\sim}{x})$ an den Stellen $\underset{\sim}{x}_i$, $i = 1,\ldots,n$, bekannt (gemessen) sei. Weiters ist die entsprechende Zufallsfunktion $Z(\underset{\sim}{x})$ definiert, wobei Stationarität 2. Ordnung mit $E(Z(\underset{\sim}{x})) = m$ und dem Variogramm $\gamma(\underset{\sim}{h})$ angenommen wird.

$y(\underset{\sim}{x})$ seien simulierte Werte an allen Stellen $\underset{\sim}{x}$ mit der gleichen räumlichen Verteilung wie Z. Die Werte $y(\underset{\sim}{x}_i)$ müssen natürlich nicht gleich $z(\underset{\sim}{x}_i)$ sein (sie sind nicht bedingt).

Mit Hilfe des Krige-Schätzers und den Werten von $z(\underset{\sim}{x}_i)$ können wir Werte $z^*(\underset{\sim}{x})$ an jedem Punkt $\underset{\sim}{x}$ schätzen. Es gilt $z^*(\underset{\sim}{x}_i) = z(\underset{\sim}{x}_i)$, $i = 1,\ldots,n$. Das Gleiche können wir mit den Werten $y(\underset{\sim}{x}_i)$ durchführen und erhalten $y^*(\underset{\sim}{x})$ für alle $\underset{\sim}{x}$.

Als Bedingung für die Simulation wünschen wir uns, dass die simulierten Werte an den Stellen $\underset{\sim}{x}_i$ gleich den Werten $z(\underset{\sim}{x}_i)$ sind, $i = 1,\ldots,n$. Dies stimmt für

$$y_s(\underset{\sim}{x}) = z^*(\underset{\sim}{x}) + [y(\underset{\sim}{x}) - y^*(\underset{\sim}{x})],$$

weil

$$y_s(\underset{\sim}{x}_i) = z^*(\underset{\sim}{x}_i) + [y(\underset{\sim}{x}_i) - y^*(\underset{\sim}{x}_i)] = z^*(\underset{\sim}{x}_i).$$

Es ist klar, dass die Erwartung EY_s der Werte von Y_s gleich $EZ = m$ ist. Es gilt auch, dass das Variogramm $\gamma_{Y_s}(\underset{\sim}{h})$ von Y_s gleich dem Variogramm $\gamma_Z(\underset{\sim}{h})$ von Z ist (ohne Beweis, siehe [3]).

7.3 Simulation einer Zufallsfunktion

Es sei eine Zufallsfunktion $Z(\underset{\sim}{x})$ (regionalisiert) mit einer gewissen räumlichen Verteilung gegeben. Genauer, wir nehmen Stationarität 2. Ordnung an, und $m = E\,Z(\underset{\sim}{x})$ und $\gamma(\underset{\sim}{h}) = E[(Z(\underset{\sim}{x}) - Z(\underset{\sim}{x}+\underset{\sim}{h}))^2]$ (bzw. $C(\underset{\sim}{h})$) seien bekannt. Der Einfachheit halber nehmen wir noch Normalverteilung von Z an. Simulierte Werte von $Z(\underset{\sim}{x})$ mit der obigen räumlichen Verteilung sind gesucht.

(a) Die "turning band"-Methode

Betrachten wir eine Gerade D im dreidimensionalen Raum (Fig. 7.2) und eine Zufallsfunktion $Y(\underset{\sim}{x}_D)$ auf dieser Geraden mit Stationarität 2. Ordnung, $E(Y(\underset{\sim}{x}_D)) = 0$ und Kovarianz $C^{(1)}(\underset{\sim}{h}_D)$.

$\underset{\sim}{x}_D$ sei die Projektion eines beliebigen Punktes $\underset{\sim}{x}$ auf die Gerade D. Wir definieren eine allgemeine Zufallsfunktion $Z_1(\underset{\sim}{x})$ durch die Verteilung der entsprechenden $Y(\underset{\sim}{x}_D)$ für alle $\underset{\sim}{x}$ aus R^3, d.h.

$$E(Z_1(\underset{\sim}{x})) = 0$$

und

$$E[Z_1(\underset{\sim}{x}).Z_1(\underset{\sim}{x}+\underset{\sim}{h})] = E[Y(\underset{\sim}{x}_D).Y(\underset{\sim}{x}_D+\underset{\sim}{h}_D)] = C^{(1)}(\underset{\sim}{h}_D).$$

Praktisch wird man eine Realisierung von $Z_1(\underset{\sim}{x}_D)$ finden, indem man die nächstliegende von $Y(\underset{\sim}{x}_D)$ nimmt. Stellt man sich eine Reihe von Realisierungen $y(\underset{\sim}{x}_{Dj})$ auf äquidistanten Stellen $\underset{\sim}{x}_{Dj}$ vor, so wird jede Realisierung von $Z_1(\underset{\sim}{x})$ (definitionsgemäss) innerhalb einer "Scheibe" ("slice" oder "band") um $\underset{\sim}{x}_{Dj}$ den gleichen Wert haben. Die Dicke der Scheibe ist gleich dem Abstand zweier benachbarter $\underset{\sim}{x}_{Dj}$.

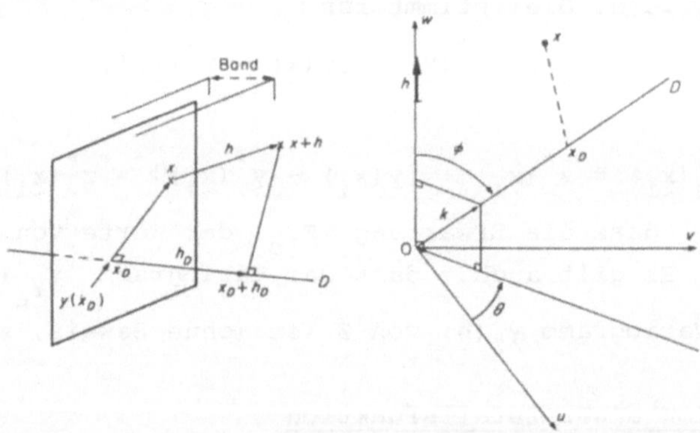

Fig. 7.2. Geometrie der "turning band"-Methode.

Betrachten wir nun N Gerade $D_1,\ldots,D_N$, deren Richtungsvektoren über der Einheitskugel gleichverteilt sind. Auf jeder Geraden D_i findet man nun Realisierungen einer Zufallsfunktion $Y(\underset{\sim}{x}_{D_i})$ mit der gleichen, aber unabhängigen Verteilung wie $Y(\underset{\sim}{x}_D)$.

Nach dieser Methode würde man an jeder Stelle $\underset{\sim}{x}$ in R^3 N Realisierungen $z_i(\underset{\sim}{x}) = y(x_{\sim D_i})$ $(i=1,\ldots,N)$ bekommen. Die endgültige Realisierung $z(\underset{\sim}{x})$ an der Stelle $\underset{\sim}{x}$ findet man dann durch Aufsummierung

$$z(\underset{\sim}{x}) = \frac{1}{\sqrt{N}} \sum_{i=1}^{N} z_i(\underset{\sim}{x}) .$$

Der Erwartungswert von $Z(\underset{\sim}{x})$ ist natürlich wieder null. Der Zusammenhang zwischen den Kovarianzen ergibt sich wie folgt: Matheron hat gezeigt, dass bei Isotropie gilt

$$C^{(1)}(s) = \frac{\partial}{\partial s}\, s\, C(s),$$

wobei $C(s)$ die parametrische Darstellung der Kovarianzfunktion von Z in Richtung der Geraden D bezeichnet.

Meistens gibt man die Kovarianzfunktion C von Z vor, rechnet $C^{(1)}$ aus und simuliert $Y(x_{\sim D})$ entsprechend $C^{(1)}$. Durch Drehung der Geraden und der Scheiben ("turning bands") erhält man den simulierten Wert $z(\underset{\sim}{x})$ entsprechend der isotropischen Kovarianzfunktion $C(\underset{\sim}{h})$. (Praktisch verwendet man N=15 Gerade).

(b) Simulation in einer Dimension

In manchen Spezialfällen (wie beim sphärischen oder exponentiellen Modell) lässt sich die Kovarianzfunktion C als Faltung einer Funktion $f(u)$ mit ihrer Transponierten $f(-u)$ schreiben:

$$C^{(1)}(s) = \int_{-\infty}^{\infty} f(u).f(u+s)\,du .$$

Daher lässt sich eine Zufallsfunktion in einer Dimension manchmal über gleitende Mittel einer unkorrelierten Funktion simulieren. Die wird im folgenden beim sphärischen Modell illustriert.

Die Kovarianzfunktion ist definiert durch

$$C(r) = \begin{cases} C_o \left[1 - \frac{3r}{2a} + \frac{r^3}{2a^3}\right] & \text{für } r \leq a \\ 0 & \text{sonst .} \end{cases}$$

$C^{(1)}(s)$ errechnet sich dann über die Ableitung

$$C^{(1)}(s) = \frac{\partial}{\partial s}\, s\, C(s),$$

d.h.

$$C^{(1)}(s) = \begin{cases} C_o[1 - \frac{3s}{a} + \frac{2s^3}{a^3}] & \text{für } s \leq a \\ 0 & \text{sonst}\,. \end{cases}$$

Diese Funktion lässt sich aber als Faltung der Funktion

$$f(u) = \begin{cases} \sqrt{12C_o/a^3}\,.\,u & \text{für } |u| \leq a/2 \\ 0 & \text{sonst} \end{cases}$$

mit ihrer Transponierten darstellen. Es gilt nämlich, wie man leicht nachrechnet,

$$C^{(1)}(s) = \int_{-\infty}^{\infty} f(u).f(u+s)du = \int_{-a/2}^{a/2-s} (12C_o/a^3)[u(u+s)]du.$$

Für die Praxis schliesst man in diesem Fall nun folgendes: An äquidistanten Punkten $x_{i-k},\ldots,x_i,\ldots,x_{i+k}$ mit Abstand b erzeugt man sich gleichverteilte Zufallszahlen $t_{i-k},\ldots,t_{i+k}$ im Intervall [-a/2, a/2]. Die Distanz kb soll dabei mindestens a/2 sein. Dann erzeugt man eine Realisierung von Y (der eindimensionalen Zufallsfunktion) durch Linearkombination (gleitendes Mittel)

$$y_i = \sum_{k=-\infty}^{\infty} t_{i+k}\, f(kb),$$

wobei natürlich f(kb) = 0 für |kb| > a/2. Wegen der Diskretisierung (b sollte nicht zu gross sein) sollte man nachher die Verteilungseigenschaften von y_i überprüfen.

7.4 Fallstudie: Kohlenlagerstätte

Wir betrachten wieder die Braunkohlenlagerstätte Trimmelkam, Bereich Tarsdorf Ost. Nehmen wir an, dass Bergbauingenieure nicht an durchschnittlichen (erwarteten) Werten der Mächtigkeit des abbauwürdigen Kohleflözes interessiert sind, sondern an

Werten, die der Realität in gewissen Fällen möglichst nahe kommen. In diesem Fall ist die Methode der Simulation der Lagerstätte angebracht. Wir beschränken uns hier auf die bauwürdige Mächtigkeit des Unterflözes, wovon Daten von Bohrungen eines Ausschnittes von 2 * 2 km der Lagerstätte in Tab. 6.4 angegeben sind.

Für eine erste Datenverifikation zeichnen wir ein Histogramm, das in Fig. 7.3 dargestellt ist. Leider sieht man hier sofort wieder die Nachteile eines Histogramms, wie sie meistens bei der automatischen Erstellung durch ein Computerprogramm auftreten können: Die Klasseneinteilung ist völlig willkürlich und häufig unnatürlich. Jedenfalls sieht man, dass sehr viel kleine Werte vorhanden sind, d.h.

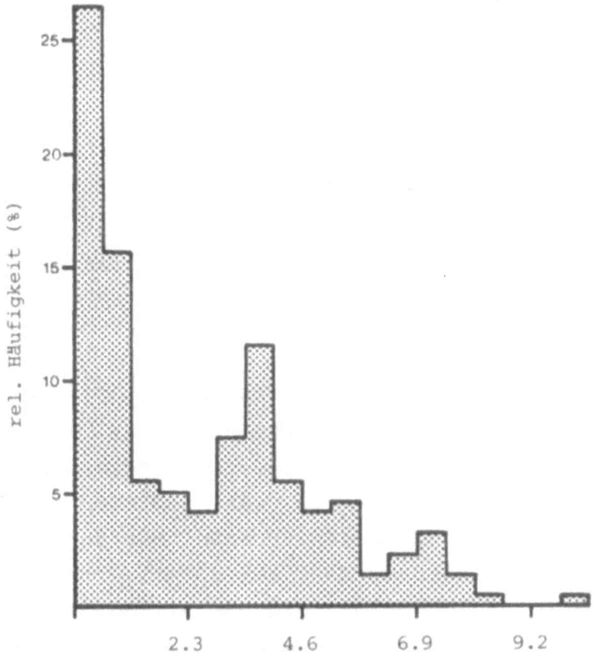

Fig. 7.3. Relative Haüfigkeiten der abbauwürdigen Mächtigkeit.

über ein Viertel der Daten befinden sich in der 1. Klasse mit Werten kleiner als .581 m. Die Variogramme in Richtung Nord und in Richtung Ost sind in Fig. 7.4 dargestellt. Es ist eventuell ein kleiner Drift Richtung Norden zu erkennen; wir betrachten ihn der Einfachheit halber als vernachlässigbar.

Nach der Anpassung von Variogrammmodellen können wir diese Variable "Mächtigkeit Unterflöz" der Lagerstätte krigen und die interpolierten Werte in Form von Isopachen in einer Karte darstellen. Diese wurde in Fig. 7.5 für den gewählten 2 * 2 km Ausschnitt erstellt. Die mächtigere Ausbildung des Unterflözes folgt im wesentlichen jenen Bereichen, welche in Fig. 6.11 (Seehöhe Unterflöz) als Mulde zu erkennen sind, während die sie trennenden Rücken eine Kohlebildung verhinderten.

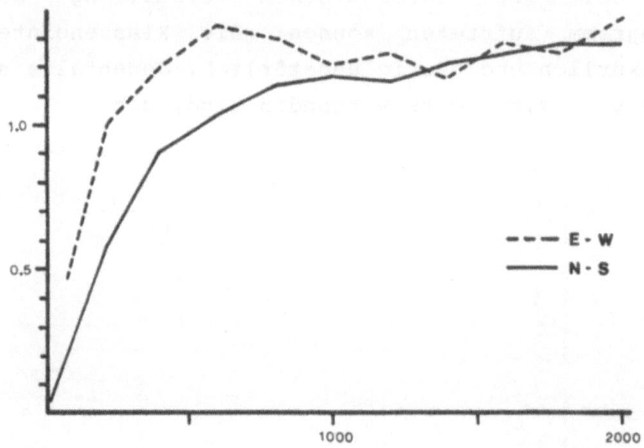

Fig. 7.4. Variogramme, Mächtigkeit Unterflöz.

Wir wiederholen, dass die Karte Fig. 7.5 gekrigte, also interpolierte (ausgeglichene) Werte darstellt. Interessiert uns aber eine mögliche Realität der Datenwerte, so müssen wir sie durch Simulation generieren. Dies funktioniert jedoch am günstigsten, wenn die vorhandenen Daten ungefähr normalverteilt sind, sodass die neuen auch aus einer Normalverteilung generiert werden können. Bezeichnet man die Verteilungsfunktion der Normalverteilung mit G und die empirische (die durch die Daten definierte) mit F_n, dann wird ein Wert x_i transformiert durch

$$y_i = G^{-1}(F_n(x_i)).$$

Praktisch können wir dies durch die Graphik in Fig. 7.6 verdeutlichen.

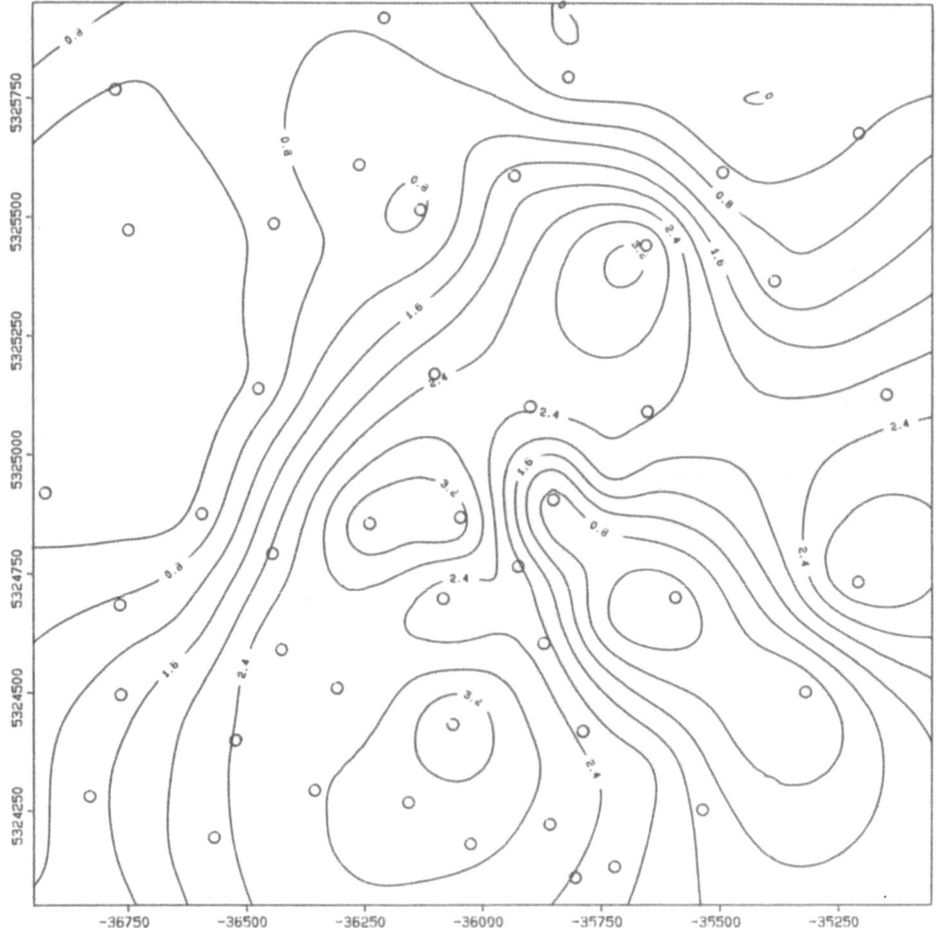

Fig. 7.5. Gekrigte Mächtigkeiten des Unterflözes.

Die so transformierten Daten müssten ein Histogramm von der genauen Form einer Normalverteilung geben. Ein Histogramm unserer transformierten Daten ist in Fig. 7.7 dargestellt. Hier erklärt sich die Unsymmetrie durch die willkürliche Klasseneinteilung und die Randklassen durch die automatische Zusammenfassung aller Werte über oder unter einer gewissen Grenze.

Mit den transformierten Daten führen wir eine Simulation der Mächtigkeit des Unterflözes auf einem Gitter mit Abstand 20 m durch, und zwar bedingt durch die gemessenen Werte in den

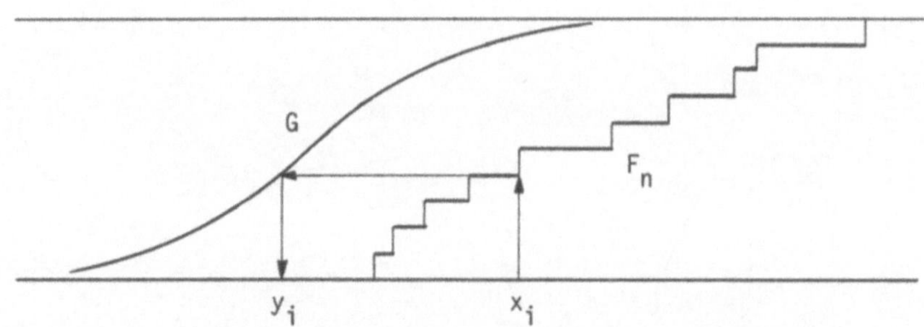

Fig. 7.6. Transformation von empirischen Daten x_i in normalverteilte y_i.

Bohrlöchern in unserem Bereich 2 * 2 km. In diesem Fall müssen 100 * 100 = 10.000 Werte errechnet werden. Ein Histogramm der rücktransformierten Werte wird in Fig. 7.8 dargestellt, das natürlich der Graphik in Fig. 7.3 sehr ähnlich sieht. Die Variogramme für die wesentlichen Richtungen dieser Daten sind in Fig. 7.9 dargestellt. Sie sehen denen in Fig. 7.4 natürlich sehr ähnlich, sind jedoch etwas geglättet.

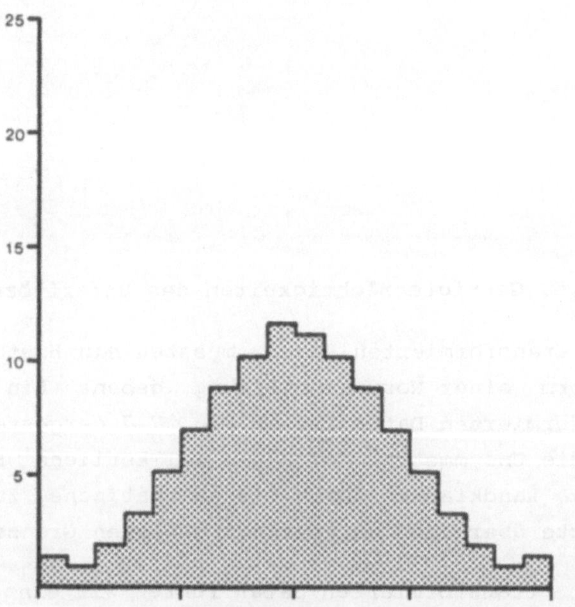

Fig. 7.7. Histogramm der transformierten Daten.

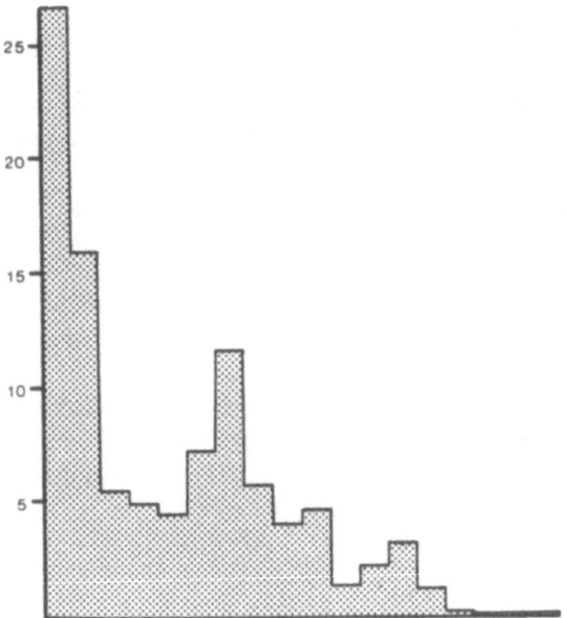

Fig. 7.8. Histogramm der simulierten Daten.

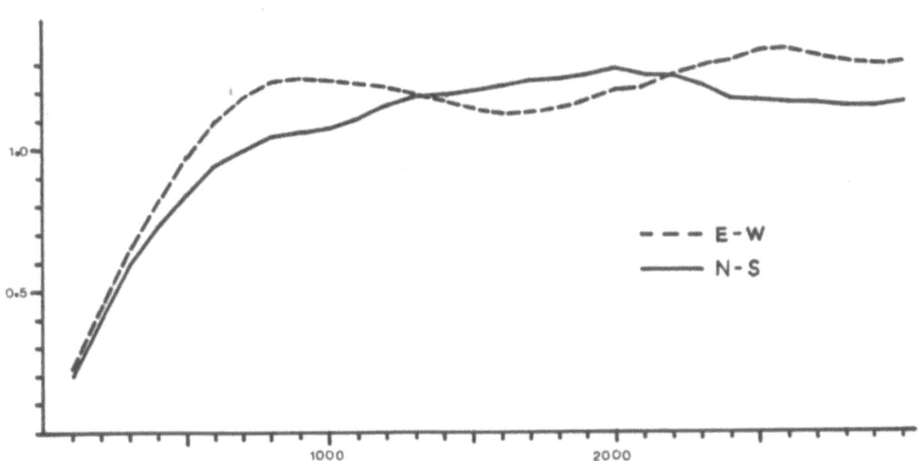

Fig. 7.9. Variogramme der simulierten Daten.

Schliesslich stellen wir noch die simulierten Daten in einer Graphik mit Isopachen dar (Fig. 7.10). Die offensichtlich viel grössere Variabilität der simulierten Werte entspricht viel mehr der realen Daten als jener der gekrigten Werte in Fig. 7.5. Besonders wild spielen die Höhenlinien im linken, oberen Teil, wo relativ wenige Bohrungen zur Verfügung stehen und wo die Mächtigkeiten fast verschwindend klein ausfallen.

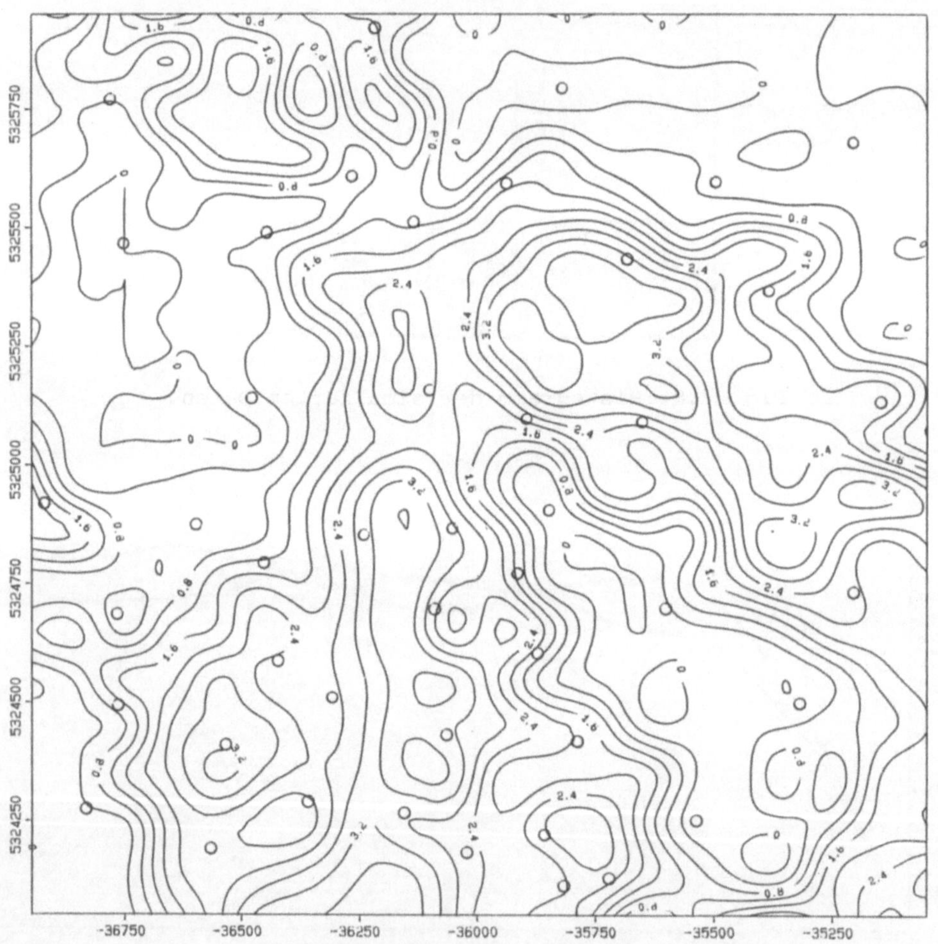

Fig. 7.10. Isopachen der simulierten Werte.

8. Literaturverzeichnis

[1] Alldredge J.R. and N.G. Alldredge (1978): Geostatistics: a Bibliography. Internat. Statist. Review, 46, pp. 77-88.

[2] Clark I. (1979): Practical Geostatistics. Appl. Science Publ., London.

[3] David M. (1977): Geostatistical Ore Reserve Estimation. Elsevier Scient. Publ. Comp., Amsterdam.

[4] Davis J.C. (1973): Statistics and Data Analysis in Geology. John Wiley & Sons, New York.

[5] Hartung J., B. Elpelt und K.-H. Klösener (1984): Statistik. Lehr- und Handbuch der angewandten Statistik. Oldenbourg Verlag, Wien.

[6] Journel A.G. and Ch.J. Huijbregts (1978): Mining Geostatistics. Acad. Press, London.

[7] Knudsen H.P. and Y.C. Kim (1978): A Shourt Course on Geostatistical Ore Reserve Estimation. Department of Mining and Geological Engineering, Colleges of Mines, The University of Arizona. Tucson, Arizona.

[8] Koch G.S. and R.F. Link (1970-71): Statistical Analysis of Geological Data. Vol. 1, 2. John Wiley & Sons, New York.

[9] Maréchal A. (1980): GEOSLIB. Geostatistical Ore Reserve Estimation Library. User's Guide. Centre de Géostatistique et de Morphologie Mathématique de Paris, 35, Rue Saint-Honoré, 77305 - Fontainebleau.

[10] Marsal D. (1979): Statistische Methoden für Erdwissenschaftler. Schweizerbart'sche Verlagsbuchhandlung, Stuttgart.

[11] Matheron G. (1971): The Theory of Regionalized Variables and Its Applications. Les Cahiers du Centre de Morphologie Mathématique de Fontainebleau, Frankreich.

[12] Pichler G. (1982): Computer-Programme der Geostatistik. Diplomarbeit. Institut für Statistik, Technische Univesität Graz.

[13] Rendu J.-M. (1981): An Introduction to Geostatistical Methods of Mineral Evaluation. South African Institute of Mining and Metallurgy, Johannesburg.

[14] Ripley B.D. (1981): Spatial Statistics. John Wiley & Sons,

New York.

[15] Royle A.G. (1977): A Practical Introduction to Geostatistics. Department of Mining and Mineral Sciences. The University of Leeds.

[16] Siemes H. (1980/81): Einführung in die Geostatistik. Vorlesungsskriptum. Inst. f. Mineralogie und Lagerstättenlehre der Rheinisch-West-fälischen Technischen Hochschule Aachen.

[17] Tukey J.W. (1977): Exploratory Data Analysis. Addison-Wesley Publ. Comp., Read., Mass.

[18] Velleman P.F. and D.C. Hoaglin (1981): Applications, Basics, and Computing of Exploratory Data Analysis. Duxbury Press, Boston, Mass.

9. Anhang. Tabelle der N(0,1)-Verteilung

Wahrscheinlichkeiten $\alpha = P(Z \geq z_\alpha) = 1 - G(z_\alpha)$.

z_α	0.00	0.01	0.02	0.03	0.04	0.05	0.06	0.07	0.08	0.09
0.0	0.5000	0.4960	0.4920	0.4880	0.4840	0.4801	0.4761	0.4721	0.4681	0.4641
0.1	0.4602	0.4562	0.4522	0.4483	0.4443	0.4404	0.4364	0.4325	0.4286	0.4247
0.2	0.4207	0.4168	0.4129	0.4090	0.4052	0.4013	0.3974	0.3936	0.3897	0.3859
0.3	0.3821	0.3783	0.3745	0.3707	0.3669	0.3632	0.3594	0.3557	0.3520	0.3483
0.4	0.3446	0.3409	0.3372	0.3336	0.3300	0.3264	0.3228	0.3192	0.3156	0.3121
0.5	0.3085	0.3050	0.3015	0.2981	0.2946	0.2912	0.2877	0.2843	0.2810	0.2776
0.6	0.2743	0.2709	0.2676	0.2643	0.2611	0.2578	0.2546	0.2514	0.2483	0.2451
0.7	0.2420	0.2389	0.2358	0.2327	0.2297	0.2266	0.2236	0.2206	0.2177	0.2148
0.8	0.2119	0.2090	0.2061	0.2033	0.2005	0.1977	0.1949	0.1922	0.1894	0.1867
0.9	0.1841	0.1814	0.1788	0.1762	0.1736	0.1711	0.1685	0.1660	0.1635	0.1611
1.0	0.1587	0.1562	0.1539	0.1515	0.1492	0.1469	0.1446	0.1423	0.1401	0.1379
1.1	0.1357	0.1335	0.1314	0.1292	0.1271	0.1251	0.1230	0.1210	0.1190	0.1170
1.2	0.1151	0.1131	0.1112	0.1093	0.1075	0.1056	0.1038	0.1020	0.1003	0.09853
1.3	0.09680	0.09510	0.09342	0.09176	0.09012	0.08851	0.08691	0.08534	0.08379	0.08226
1.4	0.08076	0.07927	0.07780	0.07636	0.07493	0.07353	0.07215	0.07078	0.06944	0.06811
1.5	0.06681	0.06552	0.06426	0.06301	0.06178	0.06057	0.05938	0.05821	0.05705	0.05592
1.6	0.05480	0.05370	0.05262	0.05155	0.05050	0.04947	0.04846	0.04746	0.04648	0.04551
1.7	0.04457	0.04363	0.04272	0.04182	0.04093	0.04006	0.03920	0.03836	0.03754	0.03673
1.8	0.03593	0.03515	0.03438	0.03362	0.03288	0.03216	0.03144	0.03074	0.03005	0.02938
1.9	0.02872	0.02807	0.02743	0.02680	0.02619	0.02559	0.02500	0.02442	0.02385	0.02330
2.0	0.02275	0.02222	0.02169	0.02119	0.02068	0.02018	0.01970	0.01923	0.01876	0.01831
2.1	0.01786	0.01743	0.01700	0.01659	0.01618	0.01578	0.01539	0.01500	0.01463	0.01426
2.2	0.01390	0.01355	0.01321	0.01287	0.01255	0.01222	0.01191	0.01160	0.01130	0.01101
2.3	0.01072	0.01044	0.01017	$0.0^{2}9903$	$0.0^{2}9642$	$0.0^{2}9387$	$0.0^{2}9137$	$0.0^{2}8894$	$0.0^{2}8656$	$0.0^{2}8424$
2.4	$0.0^{2}8198$	$0.0^{2}7976$	$0.0^{2}7760$	$0.0^{2}7549$	$0.0^{2}7344$	$0.0^{2}7143$	$0.0^{2}6947$	$0.0^{2}6756$	$0.0^{2}6569$	$0.0^{2}6387$
2.5	$0.0^{2}6210$	$0.0^{2}6037$	$0.0^{2}5868$	$0.0^{2}5703$	$0.0^{2}5543$	$0.0^{2}5386$	$0.0^{2}5234$	$0.0^{2}5085$	$0.0^{2}4940$	$0.0^{2}4799$
2.6	$0.0^{2}4661$	$0.0^{2}4527$	$0.0^{2}4396$	$0.0^{2}4269$	$0.0^{2}4145$	$0.0^{2}4025$	$0.0^{2}3907$	$0.0^{2}3793$	$0.0^{2}3681$	$0.0^{2}3573$
2.7	$0.0^{2}3467$	$0.0^{2}3364$	$0.0^{2}3264$	$0.0^{2}3167$	$0.0^{2}3072$	$0.0^{2}2980$	$0.0^{2}2890$	$0.0^{2}2803$	$0.0^{2}2718$	$0.0^{2}2635$
2.8	$0.0^{2}2555$	$0.0^{2}2477$	$0.0^{2}2401$	$0.0^{2}2327$	$0.0^{2}2256$	$0.0^{2}2186$	$0.0^{2}2118$	$0.0^{2}2052$	$0.0^{2}1988$	$0.0^{2}1926$
2.9	$0.0^{2}1866$	$0.0^{2}1807$	$0.0^{2}1750$	$0.0^{2}1695$	$0.0^{2}1641$	$0.0^{2}1589$	$0.0^{2}1538$	$0.0^{2}1489$	$0.0^{2}1441$	$0.0^{2}1395$
3.0	$0.0^{2}1350$	$0.0^{2}1306$	$0.0^{2}1264$	$0.0^{2}1223$	$0.0^{2}1183$	$0.0^{2}1144$	$0.0^{2}1107$	$0.0^{2}1070$	$0.0^{2}1035$	$0.0^{2}1001$
3.1	$0.0^{3}9676$	$0.0^{3}9354$	$0.0^{3}9043$	$0.0^{3}8740$	$0.0^{3}8447$	$0.0^{3}8164$	$0.0^{3}7888$	$0.0^{3}7622$	$0.0^{3}7364$	$0.0^{3}7114$
3.2	$0.0^{3}6871$	$0.0^{3}6637$	$0.0^{3}6410$	$0.0^{3}6190$	$0.0^{3}5976$	$0.0^{3}5770$	$0.0^{3}5571$	$0.0^{3}5377$	$0.0^{3}5190$	$0.0^{3}5009$
3.3	$0.0^{3}4834$	$0.0^{3}4665$	$0.0^{3}4501$	$0.0^{3}4342$	$0.0^{3}4189$	$0.0^{3}4041$	$0.0^{3}3897$	$0.0^{3}3758$	$0.0^{3}3624$	$0.0^{3}3495$
3.4	$0.0^{3}3369$	$0.0^{3}3248$	$0.0^{3}3131$	$0.0^{3}3018$	$0.0^{3}2909$	$0.0^{3}2803$	$0.0^{3}2701$	$0.0^{3}2602$	$0.0^{3}2507$	$0.0^{3}2415$
3.5	$0.0^{3}2326$	$0.0^{3}2241$	$0.0^{3}2158$	$0.0^{3}2078$	$0.0^{3}2001$	$0.0^{3}1926$	$0.0^{3}1854$	$0.0^{3}1785$	$0.0^{3}1718$	$0.0^{3}1653$
3.6	$0.0^{3}1591$	$0.0^{3}1531$	$0.0^{3}1473$	$0.0^{3}1417$	$0.0^{3}1363$	$0.0^{3}1311$	$0.0^{3}1261$	$0.0^{3}1213$	$0.0^{3}1166$	$0.0^{3}1121$
3.7	$0.0^{3}1078$	$0.0^{3}1036$	$0.0^{4}9961$	$0.0^{4}9574$	$0.0^{4}9201$	$0.0^{4}8842$	$0.0^{4}8496$	$0.0^{4}8162$	$0.0^{4}7841$	$0.0^{4}7532$
3.8	$0.0^{4}7235$	$0.0^{4}6948$	$0.0^{4}6673$	$0.0^{4}6407$	$0.0^{4}6152$	$0.0^{4}5906$	$0.0^{4}5669$	$0.0^{4}5442$	$0.0^{4}5223$	$0.0^{4}5012$
3.9	$0.0^{4}4810$	$0.0^{4}4615$	$0.0^{4}4427$	$0.0^{4}4247$	$0.0^{4}4074$	$0.0^{4}3908$	$0.0^{4}3747$	$0.0^{4}3594$	$0.0^{4}3446$	$0.0^{4}3304$
4.0	$0.0^{4}3167$	$0.0^{4}3036$	$0.0^{4}2910$	$0.0^{4}2789$	$0.0^{4}2673$	$0.0^{4}2561$	$0.0^{4}2454$	$0.0^{4}2351$	$0.0^{4}2252$	$0.0^{4}2157$

z_α	0.0	0.1	0.2	0.3	0.4	0.5	0.6	0.7	0.8	0.9
4	$0.0^{4}317$	$0.0^{4}207$	$0.0^{4}133$	$0.0^{5}854$	$0.0^{5}541$	$0.0^{5}340$	$0.0^{5}211$	$0.0^{5}130$	$0.0^{6}793$	$0.0^{6}479$
5	$0.0^{6}287$	$0.0^{6}170$	$0.0^{7}996$	$0.0^{7}579$	$0.0^{7}333$	$0.0^{7}190$	$0.0^{7}107$	$0.0^{8}599$	$0.0^{8}332$	$0.0^{8}182$
6	$0.0^{9}987$	$0.0^{9}530$	$0.0^{9}282$	$0.0^{9}149$	$0.0^{10}777$	$0.0^{10}402$	$0.0^{10}206$	$0.0^{10}104$	$0.0^{11}523$	$0.0^{11}260$

Sachverzeichnis

Proceedings of the German-Italian Symposium

Applications of Mathematics in Technology

March 26–30, 1984 Rome
(Under the auspices of the C.N.R.-D.F.G. agreement)

Edited by Prof. Dr. V. BOFFI, University of Bologna, Italy and Prof. Dr. H. NEUNZERT, University of Kaiserslautern, W.-Germany

1984. 484 pages. 16,2 × 23,5 cm. ISBN 3-519-02611-2. Paper DM 82,–

Contents

B. G. Teubner Stuttgart

Allgemeine Algebra und Anwendungen

Von Prof. Dr. phil. D. W. DORNINGER, Technische Universität Wien, und Prof. Dr. phil. W. B. MÜLLER, Universität für Bildungswissenschaften Klagenfurt

1984. 324 Seiten mit zahlreichen Abbildungen, Beispielen und Übungen. 16,2×22,9 cm. ISBN 3-519-02030-0. Geb. DM 42,–

Aus dem Inhalt: Operationen und Relationen (mit Beispielen aus der Verkehrsplanung und Soziologie) / Verbände und Boolesche Algebren (mit Anwendungen in der Quantenmechanik, Schaltalgebra und Aussagenlogik) / Halbgruppen (Automaten, Formale Sprachen, Beispiele aus der Biologie) / Gruppen (Anwendungen in der Zähltheorie, kristallographische Gruppen, ein Beispiel aus der Ethnologie, Elemente der Darstellungstheorie) / Ringe und Körper (Konstruktion mit Zirkel und Lineal, Statistische Versuchsplanung) / Fehlerkorrigierende Codes und Kryptographie

Proceedings of the Conference

Mathematics in Industry

October 24–28, 1983 Oberwolfach

Edited by Prof. Dr. rer. nat. H. NEUNZERT, Universität Kaiserslautern

1984. 287 pages. 16,2×23,5 cm. ISBN 3-519-02610-4. Paper DM 52,–

Contents

ORGANIZED COOPERATION BETWEEN UNIVERSITY AND INDUSTRY

R. S. Anderssen and F. R. de Hoog: A Framework for Studying the Application of Mathematics in Industry / A. B. Tayler: Oxford Study Groups with Industry; 1967–1983 / H. Wacker: Hydro Energy Optimization / J. Spanier: Applied Mathematics Education at the Claremont Colleges / H. Neunzert: Mathematics in the University and Mathematics in Industry – Complement or Contrast? / K. Hoffmann: On Establishing Contacts with Industry / M. Schulz-Reese: A Report of the „Kaiserslauterer Modellversuch“: Continuing Mathematical Education / H.-E. Gross and U. Knauer: University Education as Preparation for Professional Praxis / A. M. Kempf: Mathematical Modelling in the French Grandes Ecoles. The Particular Case of the E.S.I.E.A.

INDIVIDUAL PROJECTS AT THE UNIVERSITIES

C. Cercignani: Mathematics and Fluiddynamics / M. Primicerio: Sorption of Swelling Solvents by Glassy Polymers / M. Shinbrot: Icebreaking by Hovercraft / B. Rihtarsic, F. Krmelj and I. Kuscer: Oscillations in Pipelines of Hydroelectric Power Plants / A. K. Louis: The Limited Angle Problem in Computerized Tomography / H. Frank: Computer Aided Design in Piping of Chemical Plants / W. Krüger: The Trippstadt-Problem / B. Aulbach: Trouble with Linearization

PROBLEMS POSED BY INDUSTRY

J. Bukovics: Oscillations of a Gasbody with Absorbant Walls (A Problem Occuring in Structural Acoustics of Passenger Cars) / P. Causemann: Requirements for a Calculating Program Regarding a Two-Mass Vibration System to Optimize Damping Force Characteristics for Vehicle Shock Absorbers / A. Gamst: Geometric Design of Mobile Radio Telephone Systems / U. Pallaske: Large Systems of Stiff Ordinary Differential Equations. Numerical Treatment by Systems Reduction / R. Zobel: Validation of a Vehicle Crash Model

B. G. Teubner Stuttgart